工程造价与管理类专业
综合实训项目化实操手册

主　编　祁巧艳　程　梅
参　编　张金玉　柳婷婷　吴海瑛

北京理工大学出版社
BEIJING INSTITUTE OF TECHNOLOGY PRESS

内 容 提 要

本书分为招标投标和计量计价两个模块，每个模块都有对应的实训任务指导书，包含实训目的、实训要求、实训项目、组织形式、实训进度安排、成绩评定和提交成果文件。其中招标投标模块分为八个项目，分别是企业备案、招标策划、资格预审、资格申请、工程招标、工程投标、工程开标与评标、签订合同；计量计价模块分为三个项目，分别是工程量清单编制、招标控制价、投标报价。每个模块既相互独立可单独成册，又能相互关联形成整体合订成册。

本书可作为高等院校工程造价、建设工程管理、建筑工程技术等土木工程类相关专业的教材，也可供土木工程相关技术管理人员工作时参考。

版权专有 侵权必究

图书在版编目（CIP）数据

工程造价与管理类专业综合实训项目化实操手册 /
祁巧艳，程梅主编.-- 北京：北京理工大学出版社，
2022.6

ISBN 978-7-5763-1408-3

Ⅰ.①工… Ⅱ.①祁… ②程… Ⅲ.①建筑造价管理
－高等学校－教学参考资料 Ⅳ.①TU723.3

中国版本图书馆CIP数据核字（2022）第106229号

出版发行 / 北京理工大学出版社有限责任公司
社 址 / 北京市海淀区中关村南大街 5 号
邮 编 / 100081
电 话 / （010）68914775（总编室）
 （010）82562903（教材售后服务热线）
 （010）68944723（其他图书服务热线）
网 址 / http://www.bitpress.com.cn
经 销 / 全国各地新华书店
印 刷 / 河北鑫彩博图印刷有限公司
开 本 / 787 毫米 ×1092 毫米 1/16
印 张 / 14.5 责任编辑 / 时京京
字 数 / 378 千字 文案编辑 / 时京京
版 次 / 2022 年 6 月第 1 版 2022 年 6 月第 1 次印刷 责任校对 / 刘亚男
定 价 / 88.00 元 责任印制 / 王美丽

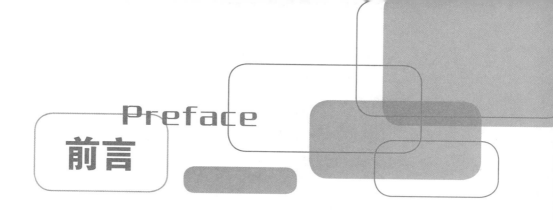

Preface

前言

　　工程造价与管理类相关专业的综合实训环节是学生走上就业岗位之前的重要阶段，对学生实践能力的提高起着非常重要的作用。工程造价与管理类相关专业高等院校毕业生应具备读懂施工图，运用专业软件进行工程量计算，合理运用定额，准确进行清单计价，编制招投标文件，进行工程资料编制等专业技能。本书依据企业用人需求，紧扣教学大纲，结合工程造价与管理类相关专业实践性教学环节的特点编写而成。通过本书的学习，学生能够模拟实际工作流程，熟悉各阶段编制工程造价文件的方法，从而达到强化实践技能的目的，满足企业对学生的岗位能力需求。

　　本书实训项目以全过程工程造价管理为主线，引导学生建立全过程工程造价管理的概念，再从招标、投标到评标与定标三个阶段入手，展开实训项目设计，细化实训任务，将工程造价与管理类相关专业学生必须掌握的工程招标文件编制、招标工程量清单编制、招标控制价编制、投标报价文件编制的核心能力划为招标投标模块和计量计价模块，共11个实训项目，每个实训项目又下设了具体的工作任务。

　　本书的特色在于改变传统的灌输式或放养式实训模式，采取"模拟公司制项目化"教学模式，让专业实践性教学环节更加贴近真实工作场景，让学生体验团队协作的重要性，提高实践动手能力，培养学生解决专业问题的能力。在整个工程项目完成过程中，学生通过网络教学资源、在线视频等多种方式梳理专业理论知识，学习典型工程案例，小组成员共同讨论制订实训计划，进行任务分工，按照实训项目完成情况进行过程评价和成果评价，最终形成各阶段的考核成绩。考虑到学生接受程度的不同、对个人的要求不同，以及将来从事工作岗位的不同，两个模块的实训项目可灵活组合使用，学生可结合实际情况进行自助式的学习任务选择。

　　本书适用于高等院校工程造价、建设工程管理、建筑经济信息化管理、建筑工程技术等专业综合实训环节，也可作为工程招标投标与合同管理课程、工程量清单计价课程、建筑工程计量与计价课程单项能力训练周的教材。

　　本书在编写过程中得到了相关工程咨询企业和广联达科技股份有限公司的大力支持，在此一并感谢。由于编写时间紧张，书中难免存在疏漏之处，恳请广大师生批评指正。

编　者

Contents
目录

Contents

模块一 招标投标

招标投标阶段实训任务指导书

（适用课程：建设工程招标投标与合同管理课程实训、综合实训）

一、实训目的

通过对工程招标投标阶段的技能实训，让学生了解和熟悉一般建设工程项目招标投标的整个流程、各项具体工作在什么阶段开展等，建立整体概念，将所学建设工程招标投标与合同管理的理论知识应用到实践操作过程中，从而进一步熟悉工程招标投标与合同管理业务与程序，初步学会工程招标投标的相关程序和标书的编制方法，以及建设工程施工合同的签订，使学生融会贯通掌握已学课程知识并加以运用，增强实际操作能力和解决问题的能力。

二、实训要求

（1）了解工程招标代理企业资质标准、工程造价咨询企业资质等级划分标准、建筑施工企业资质等级的划分，工程类别的划分标准。

（2）熟悉工程招标投标的整体流程。

（3）熟悉招标文件的编制内容，掌握招标文件的编制方法。

（4）了解投标文件的编制内容，熟悉投标文件的编制方法。

（5）熟悉开标、评标和定标的相关流程及规定。

（6）熟悉施工合同文本的内容。

三、实训项目

在实训指导教师的引导下，完成以下实训项目：

项目一　企业备案

项目二　招标策划

项目三　资格预审

项目四　资格申请

项目五　工程招标

项目六　工程投标

项目七　工程开标与评标

项目八　签订合同

四、组织形式

根据班级人数，按照4～6人一组，组建团队模拟公司且不少于3家，按照角色分工，在实训教师的指导下完成各项实训任务。

五、实训进度安排

招标投标阶段实训项目课时分配表

序号	项目名称	课时分配	招标投标阶段具体实训任务
项目一	企业备案	4	组建公司，制作海报；模拟公司注册备案
项目二	招标策划	4	确定招标组织方式，模拟工程项目备案登记工作

序号	项目名称	课时分配	招标投标阶段具体实训任务
项目三	资格预审	6	编制资格预审文件、完成资格预审文件的备案与发售；做好开标前的准备工作
项目四	资格申请	4	完成投标报名工作，编制资格预审申请文件
项目五	工程招标	8	编制招标文件，完成招标文件的备案与发售；做好开标前的准备工作
项目六	工程投标	8	编制投标文件，完成投标文件的封装与递交工作
项目七	工程开标与评标	4	组织开标、评标，确定中标单位；投标单位按时提交投标文件，并派代表参加开标
项目八	签订合同	2	熟悉合同文本，拟订合同内容，完成合同签订工作
合计		40	

六、成绩评定

技能实训成绩按百分制计算，根据下列条件评定。

1．评分原则

（1）是否配合团队完成分配任务。

（2）各项目任务是否按时完成。

（3）要求提交的表格是否认真填写。

（4）成果文件是否完整提交。

（5）参与招标投标程序的表现。

（6）出勤和实习表现。

2．评分方式

（1）根据列出的评价标准及分值，对实训项目要检查的内容进行评价，判断是否完成任务书所要求的内容，是否达到综合实训的目标。

（2）评价方式采取过程评价和结果评价两种，评价方法采取老师评价和小组内部成员互相评价相结合。过程评价和结果评价综合得分为学生的此工作任务得分。

（3）在工作任务实施前，要事先确定好两个比重：一是任务过程评分和任务成果评分占总得分的比重；二是老师评分和小组评分占总得分的比重。

（4）根据不同角色，完成过程评价表、成果评价表、总体评价表，最后获得个人评价得分。

七、提交成果文件

（1）公司宣传海报一份。

（2）各公司提交招标公告、资格预审文件、资格申请文件、招标文件各一份。

（3）投标文件记录、开标唱标记录、评标流程、评标记录表、中标通知书，整理存档。

（4）各公司投标文件（包括商务标和技术标）装订成册，正、副本各一本。

（5）拟订签约的施工合同文本一份。

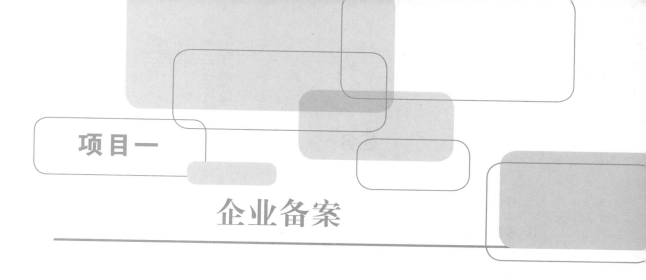

项目一

企业备案

实训目标

1. 了解企业备案相关信息。
2. 了解工程招标企业、工程造价咨询企业、施工企业资质等相关信息。
3. 熟悉企业所需各类证件，了解电子招标投标企业诚信注册备案操作。
4. 遵守职业道德，建立企业诚信意识。

实训任务

任务一 团队组建
任务二 招标代理公司（招标人）资料完善及网上注册、备案
任务三 建筑施工企业（投标人）资料完善及网上注册、备案

背景资料

本工程处于项目策划阶段，计划筹建一栋建筑面积在 3 000 m² 以内，建设总投资控制在1 500万元以内的办公楼（土建工程造价控制在 900 万元以内）。根据背景资料和企业资质等级划分标准，确定本施工企业的规模和资质。

相关资料链接： 企业注册备案所需证件资料模板（扫描二维码获取）。

使用操作软件： 电子招标文件编制工具软件、绘图软件。

理论知识链接： 相关理论知识通过建筑云课在线课程进行回顾。

企业注册备案所需
证件资料模板

任务一　团队组建

一、任务书内容

（1）根据班级人数进行小组划分，每个小组 4～6 人组建团队模拟公司。

（2）每个小组组建的公司需完成以下内容：

1）确定公司名称。

2）设计公司徽标。

3）确定公司法人代表，进行角色分工。

4）制作公司海报，介绍公司概况及业务范围。

二、过程指导

（1）由 4～6 人组成一个小组，每个小组设组长 1 名。

（2）每个小组主要工作内容：确定投标单位身份（代表一家建筑施工企业），并收集该单位的有关信息资料，为投标做准备；领取招标文件；编制招标文件、投标文件，并按招标文件要求密封（投标资料密封袋上须有所有投标小组成员签字）、递交投标文件；参加的开标、评标活动；编写施工合同文本。

（3）组长职责：负责本小组的投标组织工作和本小组成员的成绩评定，同时作为投标单位的法人代表履行投标责任，并填报团队成员分工一览表（表 1.1-1）。

团队成员
分工一览表

表 1.1-1　团队成员分工一览表

序号	学号	姓名	角色分工	备注

三、填报表格

完成工作计划安排表（表 1.1-2）、工作完成情况表（表 1.1-3）内容的填写。

四、提交成果文件

（1）一份企业宣传海报。
（2）团队成员分工一览表。

表 1.1-2　（＿＿＿＿＿＿公司 ）工作计划安排表

招标阶段：项目一　企业备案

任务一　团队组建				
序号	计划完成内容	计划完成时间	任务分配	备注

审核人：＿＿＿＿＿＿　　　　审核日期：＿＿＿＿＿＿

表 1.1-3 （＿＿＿＿＿＿公司 ）工作完成情况表

招标阶段：项目一 企业备案

任务一 团队组建					
序号	具体完成工作内容	计划完成时间	实际完成时间	存在问题及原因分析	完成人

审核人：＿＿＿＿＿＿ 审核日期：＿＿＿＿＿＿

任务二　招标代理公司（招标人）资料完善及网上注册、备案

一、任务书内容

（1）每个小组成立一个招标人（招标代理）公司，根据背景资料确定招标代理公司的基本信息资料。

（2）查询招标人（招标代理）公司需要哪些方面的资质，并完善各类企业证件资料。

（3）模拟完成企业信息网上注册、备案，并通过审核。

（4）组建公司，并介绍公司概况及经营范围。

二、过程指导

（1）成立一个招标人（招标代理）公司，确定公司的基本信息资料。

1）确定公司名称、企业法定代表人、成立日期等基本信息资料。

2）在 BIM 招标投标沙盘执行模块中的企业资料库内找出需要完善的证件资料内容：

①企业营业执照（图片）。

②开户许可证（图片）。

（2）下载并利用绘图软件等工具填写完善招标人（招标代理）公司的企业证件资料。

（3）模拟完成企业基本信息与企业人员信息的备案工作。

1）注册一家招标人（招标代理）公司。

2）完善企业基本信息。

3）完善企业人员信息，备案一名招标员与一名招标师即可。

4）登录审核账号，找到申请备案的企业后通过以上备案信息申请。

（4）交叉审核招标人企业相关资料，查看信息是否与公司人员相符，资料是否齐全。

三、填报表格

完成工作计划安排表（表 1.2-1）、工作完成情况表（表 1.2-2）内容的填写。

四、提交成果文件

提交一份企业信息备案文件资料。备案文件资料包括基本信息、企业业绩（至少 2 项）、企业人员［仅技术人员，人员配备满足项目执行需求（3～5 人）即可，无须录入企业经营管理人员］。

表 1.2-1 （_____公司）工作计划安排表

招标阶段：项目一 企业备案

任务二 招标代理公司（招标人）资料完善及网上注册、备案

序号	计划完成内容	计划完成时间	任务分配	备注
1	成立招标人（招标代理）公司，确定公司的基本信息资料			
2	完善招标人（招标代理）公司的各类企业证件资料			
3	完成企业信息网上注册、备案			
4	交叉审核招标代理公司资料			

审核人：_____   审核日期：_____

表 1.2-2 (_____公司) 工作完成情况表

招标阶段：项目一 企业备案

任务二 招标代理公司（招标人）资料完善及网上注册、备案					
序号	具体完成工作内容	计划完成时间	实际完成时间	存在问题及原因分析	完成人
1	确定招标人（招标代理）公司基本信息				
2	完善企业证件资料				
3	完成招标代理公司信息网上注册、备案，并通过审核				
4	交叉审核招标代理公司资料				

审核人：_____ 审核日期：_____

任务三　建筑施工企业（投标人）资料完善及网上注册、备案

一、任务书内容

（1）学生进行分组，4～6人模拟成立一家建筑施工企业，确定企业的基本信息资料。

（2）完善建筑施工企业的各类企业证件资料。

（3）完成建筑施工企业信息网上注册、备案，并通过审核。

二、过程指导

（1）每组同学模拟成立一家建筑施工企业，确定企业的基本信息资料。

1）确定企业名称、企业法定代表人、成立日期等基本信息资料。

2）在BIM招标投标沙盘执行模块中的企业资料库内找出需要完善的证件资料内容：

①企业营业执照（图片）。

②开户许可证（图片）。

③企业资质证书（图片）。

④安全生产许可证（图片）。

⑤建造师注册证书（图片）。

（2）下载并利用绘图软件等工具填写完善建筑施工企业的证件资料。

（3）模拟完成企业基本信息、企业资质、安全生产许可证、企业人员信息的备案工作。

1）注册一家建筑施工企业。

2）完善企业基本信息、企业资质、安全生产许可证、企业人员信息的备案工作，并上传必要附件。

3）熟悉备案信息申请流程。

（4）各公司相互交叉审核企业备案相关资料。

三、填报表格

完成工作计划安排表（表1.3-1）、工作完成情况表（表1.3-2）内容的填写。

四、提交成果文件

建筑施工企业诚信信息备案资料包括基本信息、企业资质、企业业绩（至少3项）、安全生产许可证、企业人员［仅技术人员，人员配备满足项目执行与投标报名需求（4～6人）即可，无须录入企业经营管理人员］。

表 1.3-1　（＿＿＿＿＿公司）工作计划安排表

招标阶段：项目一　企业备案

任务三　建筑施工企业（投标人）资料完善及网上注册、备案				
序号	计划完成内容	计划完成时间	任务分配	备注
1	成立一家建筑施工企业，并确定企业的基本信息资料			
2	完善企业各类证件资料			
3	完成企业信息网上注册、备案			
4	交叉审核企业（投标人）资料			
	审核人：＿＿＿＿＿＿　　　审核日期：＿＿＿＿＿＿			

表 1.3-2　(＿＿＿＿＿＿＿公司）工作完成情况表

招标阶段：项目一　企业备案

任务三　建筑施工企业（投标人）资料完善及网上注册、备案					
序号	具体完成工作内容	计划完成时间	实际完成时间	存在问题及原因分析	完成人
1	确定建筑施工企业基本信息				
2	完善企业证件资料				
3	完成企业信息网上注册、备案				
4	交叉审核施工企业（投标人）资料				

审核人：＿＿＿＿＿＿　　　　审核日期：＿＿＿＿＿＿

拓 展 训 练

1. 了解招标人其他相关证件资料，如法人资格证明书、税务登记证、企业信用等级证书等。

2. 了解投标人其他相关证件资料，如法人资格证明书、税务登记证、企业信用等级证书、项目经理（建造师）证书、"八大员"岗位证书、业绩获奖证书等。

3. 了解招标代理机构资质等级标准。

4. 了解工程造价咨询企业资质等级标准。

5. 了解施工企业资质等级标准。

6. 了解工程类别划分标准。

工程招标代理企业
资质等级标准

工程造价咨询企业
资质等级标准

建筑工程施工
总承包资质划分标准

工程类别
划分标准

实 训 评 价

根据列出的评价标准及分值，对企业备案要检查的内容进行评价，判断是否完成任务书所要求的内容，是否达到实习项目要求的目标。

评价方式采取过程评价和结果评价两种，评价方法采取老师评价和小组内部成员互相评价相结合。过程评价和结果评价综合得分为学生的此工作任务得分。

在工作任务实施前，要事先确定好两个比重：一是任务过程评分和任务成果评分占总得分的比重；二是老师评分和小组评分占总得分的比重。

根据各自的身份，完成任务过程评价表（表 1.4-1）、任务成果评价表（表 1.4-2）、任务总体评价表（表 1.4-3）内容的填写。

表 1.4-1 (_____公司)任务过程评价表

招标阶段：项目一 企业备案

被考核人		任务过程评价总得分		
检查内容	个人自评得分 （20分）	小组评价得分 （40分）	教师评价得分 （40分）	综合得分 （100分）
1. 分工合理（20%）				
2. 角色扮演（20%）				
3. 全员参与（20%）				
4. 团队协作（20%）				
5. 工作态度（20%）				
合计				
评价人签名				

表 1.4-2 （_____公司 ）任务成果评价表

招标阶段：项目一 企业备案

被考核人					任务成果评价总得分				
检查内容	教师评价得分（40 分）				小组评价得分（60 分）				综合得分（100 分）
	良好	一般	合格	不合格	良好	一般	合格	不合格	
表 1.1-1									
表 1.1-2									
招标代理公司信息填报情况									
表 1.2-1									
表 1.2-2									
建筑施工企业信息填报情况									
表 1.3-1									
表 1.3-2									
合计									
评价人签名									

表 1.4-3 （＿＿＿＿＿＿＿公司）任务总体评价表

招标阶段：项目一 企业备案

被考核人		项目一：总得分	
实践项目一		企业备案	
		权重前得分	权重后得分
任务过程评价（60%）			
任务成果评价（40%）			
得分汇总确认签名			
实践与反思			

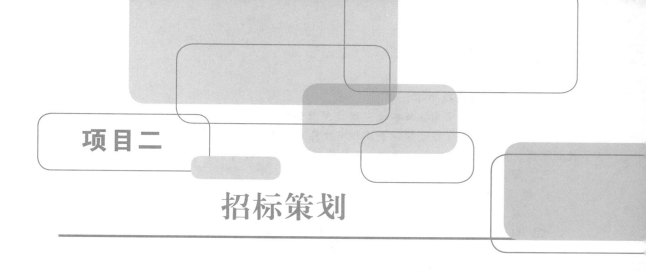

项目二

招标策划

实训 目 标

1. 能结合工程背景确定招标条件和招标方式。
2. 能够熟练编制招标公告。
3. 能够进行工程项目的备案与登记工作。

实 训 任 务

任务一 确定招标方式及招标条件
任务二 编制招标公告
任务三 工程项目备案与登记

背 景 资 料

  相关资料链接：工程施工图纸（扫描二维码获取）。
  使用操作软件：电子招标文件编制工具软件、广联达工程招标投标沙盘模拟执行评测系统。
  理论知识链接：相关理论知识通过建筑云课在线课程进行回顾。

工程施工图纸

  相关知识要点：

招标准备阶段主要工作内容

  招标准备阶段包括成立招标机构、办理项目审批手续、审查招标人招标资质、确定招标方式和招标范围、申请招标、编制招标有关文件等内容。
  一、成立招标机构
  成立招标机构有两种途径：自行成立招标机构；委托专门的招标代理机构。

二、办理项目审批手续

按照有关规定，须向住房和城乡建设主管部门的招标投标行政监管机关报建备案。凡未报建的工程项目，不得办理招标手续和发放施工许可证。报建内容包括工程名称、建设地点、投资规模、资金来源、当年投资额、工程规模、开竣工时间、发包方式、工程筹建情况等。

三、审查招标人招标资格

1. 建设工程应具备的条件

（1）建设工程已批准立项。

（2）向住房和城乡建设主管部门履行了报建手续，并取得批准。

（3）建设用地已依法取得，并领取了建设工程规划许可证。

（4）有能够满足招标投标需要的施工图纸及技术资料。

（5）建设资金能满足工程的要求，符合规定的资金到位率。

（6）法律、法规、规章规定的其他条件。

2. 招标人应具备的条件

（1）具有法人资格或者依法成立的其他组织。

（2）有与招标工程相适应的经济、技术、管理人员。

（3）有组织编制招标文件的能力。

（4）有审查投标单位资质的能力。

（5）有组织开标、评标、定标的能力。

3. 委托招标

招标人不具备自行招标能力的或虽有能力，但不准备自行招标的，可以委托具有相应资质的中介机构代理招标。对招标代理机构的法律要求如下：

（1）招标代理机构按照委托代理合同，依法组织招标活动，并按照合同约定取得酬金。

（2）招标代理单位对于提供的招标文件、评标报告等的科学性、准确性负责，并不得向外泄露可能影响公正、公平竞争的有关情况。

（3）招标代理单位不得接受同一招标工程的投标代理和投标咨询业务，也不得转让招标代理业务。招标代理单位与行政机关和其他国家机关以及被代理工程的投标单位不得有隶属关系或者其他利害关系。

四、确定招标方式和招标范围

招标人应依法选定公开招标或邀请招标方式。

招标范围主要应考虑以下因素的影响：

（1）招标人的管理能力。只发一个合同包招标，管理较简单，参与竞争投标人较少。如果分别发包，一则增强竞争性；二则每个独立合同易落实，但合同太多，管理上较麻烦。

（2）施工内容的专业要求，将土建施工和设备安装分别招标。

（3）施工现场条件。划分合同包时应充分考虑施工过程中几个独立承包人同时施工可能发生的交叉干扰。

（4）工程总投资的影响。

（5）其他因素的影响。

五、申请招标

由招标人填写建设工程招标申请表，上级主管部门批准。申请表的主要内容包括工程名称、建设地点、招标建设规模、结构类型、招标范围、招标方式、要求企业资质等级、前期准备情况、招标机构组织情况等。

六、编制招标有关文件

（1）编制资格预审文件。资格预审文件包括资格预审须知；资格预审申请书；资格预审评审标准或方法。

（2）编制招标文件。招标文件既是投标人编制投标书的依据，也是招标阶段招标人的行为准则。

（3）编制招标控制价。招标控制价应当在递交投标文件截止日 10 天前发给投标人。

建设工程招标策划阶段主要工作内容

招标投标是由招标人和投标人经过要约、承诺，择优选定，最终形成协议和合同关系的、平等主体之间的一种交易方法，是"法人"之间达成有偿、具有约束力的法律关系的法律行为。

招标策划阶段的招标工作过程主要包括风险分析、合同策略制定、中标原则的确定、合同价格的确定方式、招标文件编制等。充分做好这些工作过程的规划、计划、组织、控制的研究分析，并采取有针对性的预防措施，减少招标工作实施过程中的失误和被动局面，招标工作质量才能得到保证。

一、风险分析

影响招标投标活动的风险因素包括招标程序的正确性和可操作性、评标办法的可靠性、施工合同条件的可实施性。施工合同签订后，施工实施过程中的风险因素包括设计变更、合同条款遗漏、合同类型选择不当、承发包模式选择不当、索赔管理不力、合同纠纷等。

二、合同策略制定

招标人在合同策略方面的决策内容包括工程承包方式和范围的划分、合同种类的选择、招标方式的确定、合同条件的选择、重要的合同条款的确定等方面。招标人在工程合同签订过程中处于主导地位，制定正确的合同策略能够签订一个完备且有利的合同，同时激励承包人努力完成项目的投资、进度、质量目标，达到最好的工程经济效益，使项目参与各方都得益，出现多赢的局面。

三、中标原则的确定

中标原则决定评标、定标办法。评标、定标办法应体现平等、公正、合法、合理的原则，综合考虑投标人的信誉、业绩、报价、质量、工期、施工组织设计等各方面的因素，不得含有倾向或排斥潜在投标人的内容，不得妨碍和限制投标人之间的竞争。

评标可以采用综合评估法、经评审的最低投标价法或者法律法规允许的其他评标方法。

四、合同价格的确定方式

选用总价合同、单价合同还是选用成本加酬金合同，主要综合考虑以下因素：工程项目的复杂程度；工程设计工作的深度；工程施工的难易程度；工程进度要求的紧迫程度等。

五、招标文件编制

招标文件一般包括招标邀请书、投标人须知、通用合同条款、专用合同条款、技术条件、投标书格式、工程量清单、图纸等内容。招标文件编制的基本质量要求主要包含以下方面的内容：

（1）要符合法律法规要求。

（2）合同条件应充分反映合同策略，反映招标人要求和期望。

（3）所规定的招标活动安排和评定标方式有可实施性。

（4）招标文本规范、文件完整、逻辑清晰、语言表达准确，避免产生歧义和争议。

任务一 确定招标方式及招标条件

一、任务书内容

（1）获取招标工程资料，熟悉工程案例背景资料。

（2）确定招标组织形式。

（3）判断工程是否满足招标条件。

（4）编制招标公告。

二、过程指导

（1）获取招标工程资料，熟悉工程案例背景资料。

1）获取招标工程资料。

2）工程招标投标案例新建策划文件。

3）熟悉工程案例背景资料。

（2）确定招标组织形式。根据公司的企业性质、招标工程建设信息，确定本次招标的组织形式。

（3）判断工程是否满足招标条件。

1）依据招标策划软件中的招标条件进行。

2）查看本招标工程的案例背景资料，与招标条件进行对比，将满足招标条件的选项勾选出来。

（4）根据确认结果，进行软件操作。

（5）学习招标公告典型案例（小溪港枢纽工程），扫描二维码获取。

招标公告典型案例
（小溪港枢纽工程）

三、填报表格

完成工作计划安排表（表 2.1-1）、工作完成情况表（表 2.1-2）内容的填写。

表 2.1-1　（＿＿＿＿＿＿公司）**工作计划安排表**

招标阶段：项目二　招标策划

任务一　确定招标方式及招标条件

序号	计划完成内容	计划完成时间	任务分配	备注
1	获取招标工程资料，熟悉工程案例背景资料			
2	确定招标组织形式			
3	判断工程是否满足招标条件			
4	软件操作			

审核人：＿＿＿＿＿＿　　　审核日期：＿＿＿＿＿＿

表 2.1-2 （＿＿＿＿＿＿公司 ）工作完成情况表

招标阶段：项目二 招标策划

任务一 确定招标方式及招标条件					
序号	具体完成工作内容	计划完成时间	实际完成时间	存在问题及原因分析	完成人
1	获取招标工程资料，熟悉工程案例背景资料				
2	确定招标组织形式				
3	判断本工程是否满足招标条件				
4	软件操作				

审核人：＿＿＿＿＿＿ 审核日期：＿＿＿＿＿＿

任务二 编制招标公告

一、任务书内容

（1）熟悉招标准备阶段的工作内容及完成各项工作的具体时间节点要求。

（2）每家公司（每个小组）完成一份选定工程的招标公告。

二、过程指导

（1）学习招标准备阶段的相关知识要点，做好招标计划工作。

1）仔细研究招标计划工作的具体内容。

2）熟悉每项工作的时间要求：开始日期、截止日期、与其他工作的先后关系等。

（2）每家公司（每个小组）完成一份选定工程的招标公告，并检查核实。

三、填报表格

完成工作计划安排表（表 2.2-1）、工作完成情况表（表 2.2-2）内容的填写。

四、提交成果文件

提交一份招标公告。招标公告格式文件扫描下面的二维码获取。

招标公告格式文件

表 2.2-1　（＿＿＿＿＿＿公司）工作计划安排表

招标阶段：项目二　招标策划

任务二　编制招标公告

序号	计划完成内容	计划完成时间	任务分配	备注
1	熟悉招标计划的工作内容及其完成的时间要求			
2	每组同学完成一份本工程的招标公告			
3	软件操作			

审核人：＿＿＿＿＿＿　　审核日期：＿＿＿＿＿＿

表 2.2-2 （_____公司）工作完成情况表

招标阶段：项目二 招标策划

序号	具体完成工作内容	计划完成时间	实际完成时间	存在问题及原因分析	完成人
1	编制招标公告				
2	软件操作				

任务二 编制招标公告

审核人：_____   审核日期：_____

任务三 工程项目备案与登记

一、任务书内容

（1）完成招标工程项目在线项目登记。

（2）完成招标工程项目在线初步发包方案备案。

（3）完成招标工程项目在线自行招标备案或者委托招标备案。

二、过程指导

（1）在交易平台中的交易系统中登录注册备案好的招标企业。

（2）完成工程项目、初步发布方案与招标组织形式备案三项操作。

（3）完成每项备案并提交后，需登录审核账号，通过审核后进行下一步操作。

三、填报表格

完成工作计划安排表（表2.3-1）、工作完成情况表（表2.3-2）内容的填写。

表 2.3-1　　（＿＿＿＿＿＿公司）**工作计划安排表**

招标阶段：项目二　招标策划

任务三　工程项目备案与登记				
序号	计划完成内容	计划完成时间	任务分配	备注
1	招标工程项目在线项目登记			
2	招标工程项目在线初步发包方案备案			
3	招标工程项目在线自行招标备案或者委托招标备案			
	审核人：＿＿＿＿＿＿　　　审核日期：＿＿＿＿＿＿			

表 2.3-2 （_____公司）工作完成情况表

招标阶段：项目二　招标策划

任务三　工程项目备案与登记					
序号	具体完成工作内容	计划完成时间	实际完成时间	存在问题及原因分析	完成人
1	招标工程项目在线项目登记				
2	招标工程项目在线初步发包方案备案				
3	招标工程项目在线自行招标备案或者委托招标备案				

审核人：_____　　　审核日期：_____

　　根据列出的评价标准及分值，对招标策划要检查的内容进行评价，判断是否完成任务书所要求的内容，是否达到综合实训的目标。

中华人民共和国
招标投标法实施条例
(2019 年修订版)

　　评价方式采取过程评价和结果评价，评价方法采取老师评价和小组内部成员互相评价相结合。过程评价和结果评价综合得分为学生的此工作任务得分。

　　在工作任务实施时，要事先确定好两个比重：一是任务过程评分和任务成果评分占总得分的比重；二是老师评分和小组评分占总得分的比重。

　　根据各自的身份，完成任务过程评价表（表 2.4-1）、任务成果评价表（表 2.4-2）、任务总体评价表（表 2.4-3）对应评价得分的填写。

表 2.4-1 (_____公司) 任务过程评价表

招标阶段：项目二 招标策划

被考核人		任务过程评价得分		
检查内容	个人自评得分 （20 分）	小组评价得分 （40 分）	教师评价得分 （40 分）	综合得分 （100 分）
1. 分工合理（20%）				
2. 角色扮演（20%）				
3. 全员参与（20%）				
4. 团队协作（20%）				
5. 工作态度（20%）				
合计				
评价人签名				

表 2.4-2　（＿＿＿＿＿＿＿＿公司）任务成果评价表

招标阶段：项目二　招标策划

被考核人					任务成果评价得分				
检查内容	教师评价得分（40 分）				小组评价得分（60 分）				综合得分（100 分）
	良好	一般	合格	不合格	良好	一般	合格	不合格	
表 2.1-1									
表 2.1-2									
软件完成招标人信息填报									
表 2.2-1									
表 2.2-2									
软件完成投标企业信息填报									
招标公告									
表 2.3-1									
表 2.3-2									
合计									
评价人签名									

表 2.4-3　（＿＿＿＿＿公司）任务总体评价表

招标阶段：项目二　招标策划

被考核人		项目二：总得分	
实践项目二		招标策划	
		权重前得分	权重后得分
任务过程评价（60%）			
任务成果评价（40%）			
得分汇总确认签名			
实践与反思			

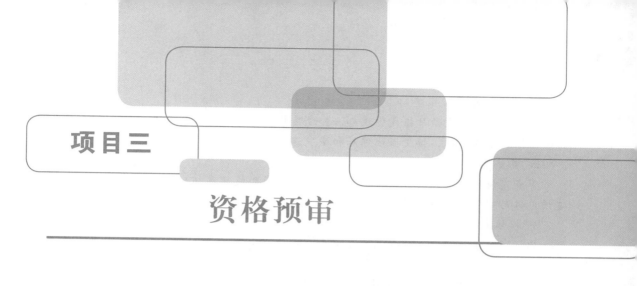

项目三

资格预审

实训目标

1. 通过拆分资格预审知识点，结合案例和操作单据背面的提示功能，让学生掌握资格预审文件的编制方法。
2. 掌握资格预审业务流程、技能知识点。
3. 学习资格预审招标工具中资格预审相关文件的软件操作。

实训任务

任务一 编制资格预审文件
任务二 资格预审文件备案及发售
任务三 开标前的准备工作

背景资料

相关知识要点：

建设工程项目施工招标程序及内容

一、建设工程项目施工招标程序

建设工程项目施工招标程序是指在建设工程项目施工招标活动中按照一定的时间、空间顺序运作的次序、步骤、方式。其工作流程如图 3.0-1 所示。

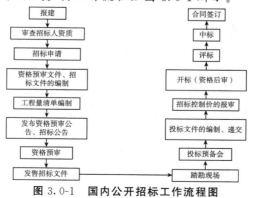

图 3.0-1 国内公开招标工作流程图

1. 建设工程项目报建

根据《工程建设项目报建管理办法》的规定，凡在我国境内投资兴建的工程建设项目，都必须实行报建制度，接受当地住房和城乡建设主管部门的监督管理。

2. 审查建设单位资质

审查建设单位是否具备招标条件，不具备的须委托具有相应资质的中介机构代理招标。建设单位与中介机构签订委托代理招标的协议，并报招标管理机构备案。

3. 招标申请

招标申请是指招标单位向政府主管部门提交的，要求开始组织招标、办理招标事宜的一种申请。

4. 资格预审文件、招标文件的编制与送审

公开招标如要求进行资格预审，只有通过资格预审的施工单位才可以参加投标。不采用资格预审的公开招标应进行资格后审，即在开标后进行资格审查。

5. 刊登资格预审公告、招标公告

《中华人民共和国招标投标法》（以下简称《招标投标法》）规定，招标人采用公开招标形式的应当发布招标公告。依法必须进行招标的项目的招标公告应该通过国家指定的报纸、信息网络或者其他媒介发布。

6. 资格预审

对申请资格预审的投标人送交填报的资格预审文件和资料进行评比分析，列出投标人的名单，并报招标管理机构核准。

7. 发售招标文件

将招标文件、图纸和有关技术资料在招标公告指定的时间和地点发售给通过资格预审获得投标资格的投标单位。法律规定，从招标文件或者资格预审文件出售之日至停止出售，最短不得少于5个工作日。

8. 现场踏勘

招标人在招标文件中注明勘察现场的时间和地点，组织投标人自费进行考察，或不组织统一的现场踏勘。现场踏勘的目的，一方面是让投标人了解工程项目的现场情况、自然条件、施工条件及周围环境等，来较准确地确定施工方案及措施费，以便于编制针对性较强的投标书，提高中标机会；另一方面要求投标人通过自己的实地考察确定投标的原则和策略，避免合同履行过程中投标人以不了解现场情况为理由推卸应承担的合同责任。

9. 投标预备会

投标人研究招标文件和现场踏勘后以书面形式提出某些质疑问题，招标人应及时给予书面解答。招标人对任何一位投标人所提问题的回答，必须发送给每一位投标人，以保证招标的公开和公平，但不必说明问题的来源。如果书面解答的问题与招标文件中的规定不一致，以函件的解答为准。

对于招标文件的澄清和修改，应在投标截止日期至少15日之前以书面形式发给所有的招标文件买受人，一起构成招标文件的组成部分。

10. 工程招标控制价的编制与送审

招标控制价是招标人根据国家或省级、行业建设主管部门颁发的有关计价依据和办法，按设计施工图纸计算的对招标工程限定的最高工程造价。招标控制价应在招标文件中公布，

同时，将招标控制价的明细表报工程所在地工程造价管理机构备查。

11. 开标

开标应当在投标截止时间后，按照招标文件规定的时间和地点公开进行。已建立建设工程交易中心的地方，开标应当在建设工程交易中心举行。开标由招标人主持，并邀请所有投标单位的法定代表人或者其代理人（一般为项目经理）参加，建设行政主管部门及其工程招标投标监督管理机构依法实施监督。

12. 评标

评标是对各投标书优劣的比较，以便最终确定中标人，由评标委员会负责评标工作。

13. 定标

（1）确定中标候选人。评标委员会根据招标文件中规定的评标方法，经过对投标文件进行全面认真系统地评审和比较后，确定出能最大限度地满足招标文件的实质性要求，不超过 3 名且有排序的合格的中标候选人，并标明排列顺序。

（2）定标原则。《招标投标法》规定，中标人的投标应当符合下列条件之一：

1）能够最大限度地满足招标文件中规定的各项综合评价标准；

2）能够满足招标文件各项要求，并经评审的价格最低，但投标价格低于成本的除外。

（3）中标通知书。中标通知书的实质内容应当与中标单位投标文件内容一致。中标通知书对招标人和中标人具有法律约束力。中标通知书发出后，招标人改变中标结果或中标人放弃中标的，应当承担法律责任。招标人确定中标人后 15 天内，应向有关行政监督部门提交招标投标情况的书面报告。

14. 签订合同

自中标通知书发出之日起 30 日内，招标单位应当与中标单位签订合同，合同价应当与中标价相一致；合同的其他主要条款，应当与招标文件、中标通知书相一致。

二、建设项目施工招标资格预审

1. 资格审查方式

资格审查一般可分为资格预审和资格后审。资格预审是在投标前对投标申请人进行的资格审查；资格后审一般是在评标时对投标申请人进行的资格审查。

2. 资格预审的目的

对潜在投标人进行资格预审要达到下列目的：

（1）了解投标者，保证投标人在资质和能力方面能够满足招标项目的要求；

（2）淘汰不合格的投标者，减少评标工作量，降低评审费用；

（3）为不合格的投标者节约购买招标文件、参加现场考察及投标的费用；

（4）降低招标人的风险，为业主选择一个优秀的中标者打下良好的基础。

3. 资格预审文件

资格预审表列出对潜在投标人资质条件、实施能力、技术水平、商业信誉等方面需要了解的内容，以应答形式给出的调查文件包括以下几项：

（1）资格预审单位概况、财务状况；

（2）拟投入的主要管理人员情况、拟投入劳动力和施工机械设备情况；

（3）近年来所承建的工程和在建工程情况一览表；

（4）目前和过去几年涉及的诉讼和仲裁情况；

（5）其他情况（各种奖励和处罚等）；

（6）联合体协议书和授权书。

4．对联合体资格预审的要求

联合体投标是指两个以上的法人或其他组织组成一个联合体，以一个投标人的身份投标，按照资质等级较低的单位确定资质等级，并承担连带责任。

5．资格预审方法

资格预审一般采用加权打分，依据工程项目特点和发包工作性质划分评审的几大方面，如资质条件、人员能力、设备和技术能力、财务状况、工程经验、企业信誉等，并分别给予不同权重。对其中的各方面再细化评定内容和分项评分标准。通过对各投标人的评定和打分，确定各投标人的综合素质得分。

6．资格预审合格条件

两种方式：合格制法和有限数量制法。

合格制法：不限制合格者的数量，凡满足某分值以上的潜在投标人均视为合格。

有限数量制法：限制合格者数量，以便减小评标的工作量（如7家），招标人按得分高低次序排列，如果某一家放弃投标则由下一家递补维持预定数量。

7．资格预审合格通知书

在资格预审完成后，招标单位将资格预审结果以书面形式通知所有参加预审的施工单位。

三、附件

由于文档内容较多，读者可自行扫描下面二维码获取电子版文档进行阅读。

资格预审申请文件

资格预审案例文件

任务一　编制资格预审文件

一、任务书内容

（1）确定潜在投标人的各类门槛条件。项目经理将工作任务进行分配，下发给团队成员，由任务接收人进行签字确认。

任务分配原则如下：

1）市场经理——确定潜在投标人的企业门槛。

2）技术经理——确定潜在投标人的人员门槛。

3）商务经理——确定潜在投标人的经营状况。

（2）完成一份电子版资格预审文件

二、过程指导

（1）确定潜在投标人的各类门槛条件。

1）根据招标工程的项目特征，确定适合本工程的潜在投标人的企业资质条件。

2）根据招标工程的项目特征，确定适合本工程的潜在投标人的人员门槛条件，如项目经理、技术负责人等。

3）确定潜在投标人的经营状况。

（2）打开招标文件编制工具软件，编写完成并生成一份电子版资格预审文件。

1）编写资格预审文件。

2）检查通过后，进行文件转送与签章。

3）生成电子版资格预审文件。

三、填报表格

完成工作计划安排表（表 3.1-1）、工作完成情况表（表 3.1-2）内容的填写。

四、提交成果文件

提交一份资格预审文件。

表 3.1-1　（＿＿＿＿＿＿＿公司 ）**工作计划安排表**

招标阶段：项目三　资格预审

任务一　编制资格预审文件				
序号	计划完成内容	计划完成时间	任务分配	备注
1	市场经理确定潜在投标人的企业门槛			
2	技术经理确定潜在投标人的人员门槛			
3	商务经理确定潜在投标人的经营状况			
4	完成一份电子版资格预审文件			

审核人：＿＿＿＿＿＿　　　　审核日期：＿＿＿＿＿＿＿

表 3.1-2 （_____公司）工作完成情况表

招标阶段：项目三 资格预审

任务一 编制资格预审文件					
序号	具体完成工作内容	计划完成时间	实际完成时间	存在问题及原因分析	完成人
1	投标人的企业门槛				
2	投标人的人员门槛				
3	投标人的经营状况				
4	电子版资格预审文件				

审核人：_____   审核日期：_____

任务二　资格预审文件备案及发售

一、任务书内容

完成资格预审文件的备案与发售工作。

二、过程指导

登录招标企业账号，在电子交易平台上完成资格预审文件的备案与上传工作，通过审核后即可。

三、填报表格

完成工作计划安排表（表3.2-1）、工作完成情况表（表3.2-2）内容的填写。

四、提交成果文件

无

表 3.2-1 （＿＿＿＿＿＿公司）工作计划安排表

招标阶段：项目三 资格预审

任务二 资格预审文件备案及发售				
序号	计划完成内容	计划完成时间	任务分配	备注
1	资格预审文件的备案工作			
2	资格预审文件的发售工作			

审核人：＿＿＿＿＿＿ 审核日期：＿＿＿＿＿＿

表 3.2-2　（_____公司）工作完成情况表

招标阶段：项目三　资格预审

任务二　资格预审文件备案及发售					
序号	具体完成工作内容	计划完成时间	实际完成时间	存在问题及原因分析	完成人
1	资格预审文件的备案				
2	资格预审文件的发售				
审核人：_____　　　　　审核日期：_____					

任务三 开标前的准备工作

一、任务书内容

（1）完成资格预审室预约工作。

（2）完成资审专家申请、抽选工作。

二、过程指导

（1）根据规定时间，模拟预约资格预审室，并做好记录。

（2）各公司推荐 2 名资格预审专家，根据工程项目大小确定资格预审专家人数，组织相关人员从模拟的专家库中抽取专家，并打电话确认资格预审专家是否能够按时到场，并发送短信，专家凭短信进入资格预审室，进行资格预审。

（3）资格预审相关表格有资格预审申请人名单、初步审查表、详细评审表，扫二维码获取相关表格。

资格预审相关表格

三、填报表格

完成工作计划安排表（表 3.3-1）、工作完成情况表（表 3.3-2）内容的填写。

四、提交成果文件

无

表 3.3-1　（＿＿＿＿＿＿公司）**工作计划安排表**

招标阶段：项目三　资格预审

任务三　开标前的准备工作				
序号	计划完成内容	计划完成时间	任务分配	备注
1	资格预审室预约			
2	各公司推荐2名资格预审专家			
3	模拟抽选资格预审专家，并通知专家本人			
	审核人：＿＿＿＿＿＿　　　审核日期：＿＿＿＿＿＿			

表 3.3-2 （＿＿＿＿＿＿公司 ）工作完成情况表

招标阶段：项目三 资格预审

任务三 开标前的准备工作					
序号	具体完成工作内容	计划完成时间	实际完成时间	存在问题及原因分析	完成人
1	资格预审室预约				
3	各公司推荐 2 名资格预审专家				
3	模拟抽选资格预审专家，并通知专家本人				
审核人：＿＿＿＿＿＿ 审核日期：＿＿＿＿＿＿					

实 训 评 价

　　根据列出的评价标准及分值，对资格预审工作要检查的内容进行评价，判断是否完成任务书所要求的内容，是否达到实习项目要求。

　　评价方式采取过程评价和结果评价两种，评价方法采取老师评价和小组内部成员互相评价相结合。过程评价和结果评价综合得分为学生的此工作任务得分。

　　在工作任务实施时，要事先确定好两个比重：一是任务过程评分和任务成果评分占总得分的比重；二是老师评分和小组评分占总得分的比重。

　　根据各自的身份，完成任务过程评价表（表 3.4-1）、任务成果评价表（表 3.4-2）、任务总体评价表（表 3.4-3）对应评价得分的填写。

表 3.4-1 (＿＿＿＿＿＿公司）任务过程评价表

招标阶段：项目三 资格预审

被考核人		任务过程评价得分		
检查内容	个人自评得分 （20 分）	小组评价得分 （40 分）	教师评价得分 （40 分）	综合得分 （100 分）
1. 分工合理（20%）				
2. 角色扮演（20%）				
3. 全员参与（20%）				
4. 团队协作（20%）				
5. 工作态度（20%）				
合计				
评价人签名				

表 3.4-2 (＿＿＿＿＿＿＿公司）任务成果评价表

招标阶段：项目三 资格预审

被考核人					任务成果评价得分				
检查内容	教师评价得分（40分）				小组评价得分（60分）				综合得分（100分）
	良好	一般	合格	不合格	良好	一般	合格	不合格	
表 3.1-1									
表 3.1-2									
资格预审文件									
表 3.2-1									
表 3.2-2									
文件预售情况									
表 3.3-1									
表 3.3-2									
专家抽选情况									
合计									
评价人签名									

表 3.4-3 （＿＿＿＿＿＿公司）任务总体评价表

招标阶段：项目三 资格预审

被考核人		项目三：总得分	
实践项目三		资格预审	
		权重前得分	权重后得分
任务过程评价（60%）			
任务成果评价（40%）			
得分汇总确认签名			
实践与反思			

项目四

资格申请

实训目标

1. 了解投标报名时需要准备的资料种类。
2. 掌握资格申请文件的编制方法。
3. 学习资格预审相关文件编制软件的操作方法。

实训任务

任务一 工程项目投标报名、获取资格预审文件
任务二 资格预审申请文件编制

任务一　工程项目投标报名、获取资格预审文件

一、任务书内容

（1）完成工程项目投标报名。
（2）获取资格预审文件。

二、过程指导

（1）工程项目投标报名。投标人登录工程交易管理服务平台，完成工程项目投标报名工作。
（2）获取资格预审文件。在线获取，登录工程交易管理服务平台，在已报名标段上购买与下载资格预审文件。

三、填报表格

完成工作计划安排表（表 4.1-1）、工作完成情况表（表 4.1-2）内容的填写。

表 4.1-1 (_____公司）工作计划安排表

招标阶段：项目四 资格申请

任务一 工程项目投标报名、获取资格预审文件				
序号	计划完成内容	计划完成时间	任务分配	备注
1	工程项目投标报名			
2	获取资格预审文件			
审核人：_____ 审核日期：_____				

表 4.1-2 (＿＿＿＿＿＿＿公司）工作完成情况表

招标阶段：项目四 资格申请

任务一 工程项目投标报名、获取资格预审文件					
序号	具体完成工作内容	计划完成时间	实际完成时间	存在问题及原因分析	完成人
1	工程项目投标报名				
2	获取资格预审文件				
审核人：＿＿＿＿＿＿ 审核日期：＿＿＿＿＿＿					

任务二　资格预审申请文件编制

一、任务书内容

（1）准备资格预审申请各类证明资料。

（2）完成资格预审申请文件编制。

二、过程指导

（1）准备资格预审申请各类证明资料：

1）准备企业资质证明资料，根据资格预审文件中的相关要求，准备相应的企业证件资料。

2）准备人员资格证明资料，按照资格预审文件中的相关要求，准备项目管理人员的证件资料：

①项目负责人的证件资料。

②建造师资格证、安全生产考核合格证、职称证、学历证等资料。

③技术负责人的证件、职称证等资料。

④项目部管理人员的证件资料。

3）机械设备资料。

4）企业财务状况证明资料、财务审计报告。

5）企业和人员的工程业绩证明资料。

①企业以往类似工程业绩证明资料。

②项目负责人以往类似工程业绩证明资料。

（2）完成资格预审申请文件编制：

1）打开电子招标文件编制工具，完成资格预审申请文件的编制。

2）将编制好的资格预审申请文件进行转换签章，生成电子版资格预审申请文件。

三、填报表格

完成工作计划安排表（表 4.2-1）、工作完成情况表（表 4.2-2）内容的填写。

四、提交成果文件

提交一份资格预审申请文件。

表 4.2-1　（＿＿＿＿＿＿＿＿＿公司）**工作计划安排表**

招标阶段：项目四　资格申请

任务二　资格预审申请文件编制				
序号	计划完成内容	计划完成时间	任务分配	备注
1	企业资质证明资料			
2	人员资格证明资料			
3	机械设备资料			
4	企业财务状况证明资料			
5	企业、人员工程业绩证明资料			
6	资格预审申请文件编制			
7	资格预审申请文件签章，生成电子版资格预审申请文件			
		审核人：＿＿＿＿＿＿＿＿　　审核日期：＿＿＿＿＿＿＿＿		

表 4.2-2 （_____公司）**工作完成情况表**

招标阶段：项目四 资格申请

任务二 资格预审申请文件编制					
序号	具体完成工作内容	计划完成时间	实际完成时间	存在问题及原因分析	完成人
1	准备企业资质证明资料，根据资格预审文件中的相关要求，准备相应的企业证件资料				
2	准备人员资格证明资料，按照资格预审文件中的相关要求，准备项目管理人员的证件资料				
3	准备机械设备资料				
4	根据提供的财务审计报告，准备企业财务状况证明资料				
5	根据资格预审文件要求，准备企业和人员的工程业绩证明资料				
6	资格预审申请文件的编制				
7	将编制好的资格预审申请文件进行转换签章，生成电子版资格预审申请文件				

审核人：_____ 审核日期：_____

实训评价

根据列出的评价标准及分值，对"资格申请"工作要检查的内容进行评价，判断是否完成任务书所要求的内容，是否达到综合实训的目标。

资格预审
申请文件格式

评价方式采取过程评价和结果评价两种，评价方法采取老师评价和小组内部成员互相评价相结合。过程评价和结果评价综合得分为学生的此工作任务得分。

在工作任务实施时，要事先确定好两个比重：一是任务过程评分和任务成果评分占总得分的比重；二是老师评分和小组评分占总得分的比重。

根据各自的身份，完成任务过程评价表（表4.3-1）、任务成果评价表（表4.3-2）、任务总体评价表（表4.3-3）对应评价得分的填写。

表 4.3-1 (_____公司）任务过程评价表

招标阶段：项目四 资格申请

被考核人		任务过程评价得分		
检查内容	个人自评得分 （20 分）	小组评价得分 （40 分）	教师评价得分 （40 分）	综合得分 （100 分）
1. 分工合理（20%）				
2. 角色扮演（20%）				
3. 全员参与（20%）				
4. 团队协作（20%）				
5. 工作态度（20%）				
合计				
评价人签名				

表 4.3-2 (＿＿＿＿＿＿＿＿公司）任务成果评价表

招标阶段：项目四 资格申请

被考核人					任务成果评价得分				
检查内容	教师评价得分（40分）				小组评价得分（60分）				综合得分（100分）
	良好	一般	合格	不合格	良好	一般	合格	不合格	
表 4.1-1									
表 4.1-2									
投标报名完成情况									
表 4.2-1									
表 4.2-2									
资格预审申请文件									
合计									
评价人签名									

表 4.3-3　（＿＿＿＿＿＿＿＿公司）**任务总体评价表**

招标阶段：项目四　资格申请

被考核人		项目四：总得分	
实践项目四		资格申请	
		权重前得分	权重后得分
任务过程评价（60%）			
任务成果评价（40%）			
得分汇总确认签名			
实践与反思			

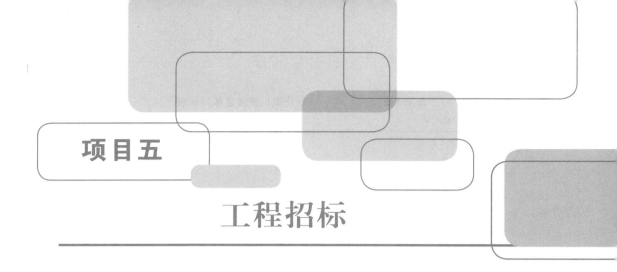

项目五 工程招标

1. 掌握招标文件的编制方法。
2. 掌握施工合同的关键内容。
3. 学习招标工具中招标文件编制软件的操作方法。

任务一　编制招标文件
任务二　工程量清单编制（略）
任务三　招标控制价（略）
任务四　招标文件备案及发售
任务五　开标前的准备工作

使用操作软件： 电子招标文件编制工具软件、广联达工程招标投标沙盘模拟执行评测系统、广联达 BIM 土建计量平台、广联达兴安得力云计价平台。

理论知识链接： 在建筑云课平台在线课程中回顾相关理论知识。

相关知识要点：

一、建设工程施工招标文件的组成

招标文件正式文本由投标邀请书、投标人须知、合同主要条款、投标文件格式、工程量清单（采用工程量清单招标的应当提供）、技术条款、设计图纸、评标标准和方法、投标辅助材料等组成。向所有投标人做出答复，其具体形式是招标文件答疑或答疑会议记录等，这些也构成招标文件的一部分。在投标截止日前，招标人可以对已发出的招标文件进行修改、补充。修改和补充发出之日到投标截止时间应有 15 天的合理时间。

二、建设工程施工招标文件的内容

建设工程施工招标文件共包括以下八章内容：

第一章　招标公告（投标邀请书）
第二章　投标人须知
第三章　评标办法
第四章　合同条款及格式

第五章　工程量清单

第六章　图纸

第七章　技术标准和要求

第八章　投标文件格式

（一）投标人须知

投标人须知是投标人的投标指南，投标人须知一般包括两部分：一部分为投标人须知前附表；另一部分为投标人须知正文。

（1）投标人须知前附表，把投标活动中的重要内容以列表的方式表示出来。

（2）投标人须知正文，主要包括以下几部分：总则；招标文件；投标报价说明；投标文件的编制；踏勘现场和答疑；投标文件的份数和签署；投标文件的提交；资格预审申请书材料的更新；开标与评标；授予合同。

（二）合同条款

招标文件中的合同条件是招标人与中标人签订合同的基础，是对双方权利和义务的约定。合同条款的完善、公平将影响合同内容的正常履行，为方便招标人和中标人签订合同。

目前国际上广泛使用 FIDIC 合同条件，国内采用《建设工程施工合同（示范文本）》（GF—2017—0201）中的合同条款。我国的合同条款分为三部分，第一部分是合同协议书；第二部分是通用合同条款（或称标准条款），是运用于各类建设工程项目的具有普遍适应性的标准化的条款，其中凡双方未明确提出或者声明修改、补充或取消的条款，就是双方都要履行的；第三部分是专用合同条款，是针对某一特定工程项目，对通用条件的修改、补充或取消。

（三）合同格式

合同格式是指招标人在招标文件中拟订好的合同文件的具体格式，以便于定标后由招标人与中标人达成一致协议后签署。招标文件中的合同文件主要格式有合同协议书格式、质量保修格式、投标保函格式、承包人履约保函格式、发包人支付保函等。

（四）技术标准和要求

1. 对工程采用的技术规范

招标文件要结合工程的具体环境和要求写明选定的适用本工程的技术规范，列出编制规范的部门和名称。

2. 特殊项目的施工工艺标准和要求

根据设计要求对某些特殊项目的材料、施工除必须达到以上标准外还应该满足的要求及施工工艺标准。

（五）工程量清单

工程量清单应包括由投标人完成工程施工的全部项目，它是各投标人投标报价的基础，也是签订合同、调整工程量、支付工程进度款和竣工决算的依据。工程量清单表应由分部分项工程工程量清单、措施项目清单、其他项目清单组成。招标人应按规定的统一格式提供工程量清单。

（六）投标文件投标函部分格式

投标文件投标函部分主要有法定代表资格证明书、投标文件签署授权委托投标函、投标函附录及招标文件要求投标人提交的其他投标资料等。

（七）投标文件商务部分格式

投标报价有两种计算方法，即工料单价法和综合单价法，不同的报价形式有不同的格式要求。

（八）投标文件技术部分格式

投标文件技术部分主要包括施工组织设计、项目管理机构配备情况、拟分包项目情况等。

（九）图纸

图纸是招标文件的重要组成部分，是投标人在拟订施工方案、确保施工方法、计算或校核工程量、计算投标报价不可缺少的资料。招标人应对其所提供的图纸资料的正确性负责。

（十）资格审查申请书格式

（1）资格审查申请书。

（2）资格审查申请书附表。

投标申请人须回答资格审查申请书及附表中提出的全部问题，任何缺项将可能导致其申请被拒绝。申请人应对申报资料的真实性和准确性负责。资格审查申请书及附表、附件均须加盖单位公章。如果规定提交复印件，在提交申请材料的同时应携带原件，必要时以供核验。

任务一　编制招标文件

一、任务书内容

（1）确定招标文件中各类条款内容。

（2）完成一份电子版招标文件。

二、过程指导

（1）确定招标文件中各类条款内容。

1）确定招标文件中技术条款内容。

2）确定招标文件中商务条款内容。

3）确定招标文件中市场条款内容。

4）确定本招标工程的评标办法。

（2）完成一份电子版招标文件。

1）打开电子招标文件编制工具软件，完成招标文件的编制。

2）进行招标文件的转换签章，生成电子版招标文件。

（3）工程招标文件——典型案例，扫下面二维码查看。

（4）编制招标文件基础资料：案例图纸、招标工程量清单、招标控制价，扫下面二维码查看。

案例：××工程招标文件

招标文件图纸、
清单、招标控制价

三、填报表格

完成工作计划安排表（表 5.1-1）、工作完成情况表（表 5.1-2）内容的填写。

四、提交成果文件

提交一份招标文件。

表 5.1-1　（＿＿＿＿＿＿＿公司）**工作计划安排表**

招标阶段：项目五　工程招标

任务一　编制招标文件

序号	计划完成内容	计划完成时间	任务分配	备注
1	确定招标文件中技术条款内容			
2	确定招标文件中商务条款内容			
3	确定招标文件中市场条款内容			
4	确定招标工程的评标办法			
5	编制招标文件			
6	进行招标文件的转换签章，生成电子版招标文件			

审核人：＿＿＿＿＿＿　　　审核日期：＿＿＿＿＿＿

表 5.1-2 （＿＿＿＿＿＿公司）**工作完成情况表**

招标阶段：项目五 工程招标

任务一 编制招标文件					
序号	具体完成工作内容	计划完成时间	实际完成时间	存在问题及原因分析	完成人
1	确定招标文件中技术条款内容				
2	确定招标文件中商务条款内容				
3	确定招标文件中市场条款内容				
4	确定招标工程的评标办法				
5	招标文件的编制				
6	进行招标文件的转换签章，生成电子版招标文件				
审核人：＿＿＿＿＿＿ 审核日期：＿＿＿＿＿＿					

任务二　工程量清单编制（略）

本项目中已提供招标工程量清单，满足编制招标文件需要。具体的工程量清单编制方法详见后续项目九：工程量清单编制。

任务三　招标控制价（略）

本项目中已提供招标控制价，满足编制招标文件需要。具体的招标控制价的编制方法详见后续项目十：招标控制价编制。

任务四　招标文件备案及发售

一、任务书内容

完成招标文件的备案与发售工作。

二、过程指导

（1）招标文件备案。

1）进入电子交易平台，在招标文件页签中完成招标文件信息备案。

2）编制招标文件，并完成上传。

3）提交的招标文件申请。

（2）招标文件发售。通过申请后自动在指定时间内进行招标文件发售，模拟线下发售场景。

三、填报表格

完成工作计划安排表（表5.4-1）、工作完成情况表（表5.4-2）内容的填写。

四、提交成果文件

提交一份招标文件。

表 5.4-1　（＿＿＿＿＿＿公司）工作计划安排表

招标阶段：项目五　工程招标

任务四　招标文件备案及发售				
序号	计划完成内容	计划完成时间	任务分配	备注
1	完成招标文件信息的备案			
2	编制招标文件			
3	发售招标文件			

审核人：＿＿＿＿＿＿　　　审核日期：＿＿＿＿＿＿

表 5.4-2 （＿＿＿＿＿＿公司）**工作完成情况表**

招标阶段：项目五 工程招标

任务四 招标文件备案及发售					
序号	具体完成工作内容	计划完成时间	实际完成时间	存在问题及原因分析	完成人
1	完成招标文件信息的备案				
2	编制招标文件				
3	发售招标文件				
审核人：＿＿＿＿＿＿ 审核日期：＿＿＿＿＿＿					

任务五 开标前的准备工作

一、任务书内容

(1) 完成开标、评标室预约工作。

(2) 完成评审专家申请、抽选工作。

二、过程指导

(1) 完成开标、评标室预约工作。

1) 模拟完成开标、评标室预约工作。

2) 记录开标、评标室预约申请。

(2) 完成评标专家申请、抽取工作。

1) 各公司推荐 2 名评标专家入库，通过抽签确定项目评标专家申请工作。

2) 电话通知评标专家，并发信息确认。

3) 做好抽取评标专家记录表。

三、填报表格

完成工作计划安排表（表 5.5-1）、工作完成情况表（表 5.5-2）内容的填写。

四、提交成果文件

提交一份预约开标、评标室记录，一份抽取专家名单，扫描下面二维码获取电子表格。

抽取评标
专家记录表

表 5.5-1 （＿＿＿＿＿＿＿＿公司）工作计划安排表

招标阶段：项目五 工程招标

任务五 开标前的准备工作				
序号	计划完成内容	计划完成时间	任务分配	备注
1	完成开标、评标室预约工作			
2	完成专家申请工作			
3	抽取评标专家			
	审核人：＿＿＿＿＿＿＿ 审核日期：＿＿＿＿＿＿＿			

表 5.5-2 （＿＿＿＿＿＿ **公司）工作完成情况表**

招标阶段：项目五 工程招标

任务五	开标前的准备工作				
序号	具体完成工作内容	计划完成时间	实际完成时间	存在问题及原因分析	完成人
1	完成开标、评标室预约工作				
2	完成专家申请工作				
3	抽取评标专家				

审核人：＿＿＿＿＿＿　　审核日期：＿＿＿＿＿＿

实训 评 价

　　根据列出的评价标准及分值，对"工程招标"工作要检查的内容进行评价，判断是否完成任务书所要求的内容，是否达到综合实训的目标。

　　评价方式采取过程评价和结果评价两种，评价方法采取老师评价和小组内部成员互相评价相结合。过程评价和结果评价综合得分为学生的此工作任务得分。

　　在工作任务实施时，要事先确定好两个比重：一是任务过程评分和任务成果评分占总得分的比重；二是老师评分和小组评分占总得分的比重。

　　根据各自的身份，完成任务过程评价表（表 5.6-1）、任务成果评价表（表 5.6-2）、任务总体评价表（表 5.6-3）对应评价得分的填写。

表 5.6-1 （＿＿＿＿＿＿＿公司）**任务过程评价表**

招标阶段：项目五 工程招标

被考核人	任务过程评价得分			
检查内容	个人自评得分 （20分）	小组评价得分 （40分）	教师评价得分 （40分）	综合得分 （100分）
1. 分工合理（20%）				
2. 角色扮演（20%）				
3. 全员参与（20%）				
4. 团队协作（20%）				
5. 工作态度（20%）				
合计				
评价人签名				

表 5.6-2　（＿＿＿＿＿＿公司）任务成果评价表

招标阶段：项目五　工程招标

被考核人					任务成果评价得分				
检查内容	教师评价得分（40分）				小组评价得分（60分）				综合得分（100分）
	良好	一般	合格	不合格	良好	一般	合格	不合格	
表 5.1-1									
表 5.1-2									
招标文件编制									
表 5.4-1									
表 5.4-2									
招标文件备案及发售									
表 5.5-1									
表 5.5-2									
评标室预约									
评标专家抽取									
合计									
评价人签名									

表 5.6-3　（＿＿＿＿＿＿公司）任务总体评价表

招标阶段：项目五　工程招标

被考核人		项目五：总得分	
实践项目五		工程招标	
		权重前得分	权重后得分
任务过程评价（60%）			
任务成果评价（40%）			
得分汇总确认签名			
实践与反思			

项目六

工程投标

实训目标

1. 熟悉现场踏勘和预备会的目的与作用。
2. 投标报名、获取招标文件及施工图纸，熟悉投标业务。
3. 掌握投标文件的编制方法。
4. 熟悉开标前的各项准备工作内容。
5. 学习投标工具中投标文件编制软件的操作方法。

实训任务

任务一　获取招标文件，参加现场踏勘、投标预备会
任务二　商务标编制（略）
任务三　技术标编制
任务四　投标文件编制
任务五　投标文件封装、递交

背景资料

使用操作软件： 电子投标文件编制工具软件、广联达工程招标投标沙盘模拟执行评测系统、广联达 BIM 土建计量平台、广联达兴安得力云计价平台。

相关知识要点：

一、建设工程投标程序

建设工程投标是指具有合法资格和能力的承包商根据招标条件，经过初步研究和估算，在指定期限内填写标书，提出报价，争取承包建设工程项目的经济活动。

投标是建筑施工企业取得工程施工合同的主要途径，它是针对招标的工程项目，力求实现决策最优化的活动。《招标投标法》规定，投标人是响应招标、参加投标竞争的法人或其他组织。工程项目施工招标的投标人是响应施工招标、参与投标竞争的施工企业，应当具备相应的施工企业资质，并在工程业绩、技术能力、项目经理资格条件、财务状况等方面满足招标文件提出的要求，具备承担招标项目的能力。建设工程投标的基本程序如图 6.0-1 所示。

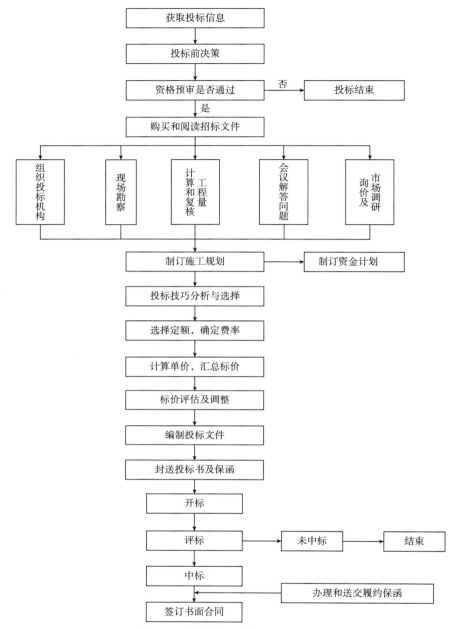

图 6.0-1　建设工程投标的基本程序

（一）投标的前期工作

1. 获取信息并确定信息的可靠性

获取投标项目信息的主要渠道如下：

（1）根据我国国民经济建设的五年建设规划和投资发展规模，了解近一段时期国家的财政、金融政策所确定的中央和地方重点建设项目与企业技术改造项目计划。

（2）如果建设项目已经立项，可从投资主管部门、建设银行、政策性金融机构获取具体投资规划等信息。

（3）了解大型企业的新建、扩建和改建项目计划。

（4）收集同行业其他投标人对工程建设项目的意向。

（5）注意有关项目的新闻报道。

2．对业主进行必要的调查分析

对业主的调查了解是非常重要的，特别是能否得到及时的工程款支付。

3．投标方向的选择

投标方向的选择的决策依据如下：

（1）承包市场情况、竞争形势，如市场处于发展阶段或不景气阶段。

（2）该工程可能的竞争者数量及竞争对手状况，以确定自己在投标工程中的竞争力和中标的可能性。

（3）工程的特点、性质、规模、技术难度、时间紧迫程度，是否为重大的、有影响的工程，工程施工所需的工艺、技术和装备。

（4）业主的状况。

（5）承包商自身的情况，包括本公司的优势和劣势、技术水平、施工力量、资金状况、同类工程经验、现有的在建工程数量等。

（6）承包商的经营和发展战略。

（二）申请投标和递交资格预审书

作为投标人，应熟悉资格预审程序，主要把握好获得资格预审文件、准备资格预审文件、报送资格预审文件等几个环节的工作，争取顺利通过投标资格审查。

（三）接受投标邀请和购买招标文件

通过资格预审的投标人，可以通过招标公告中公布的相关信息，在规定的时间和地点，凭邀请书或通知书及有关证件购买招标文件。

（四）研究招标文件

研究重点应放在投标人须知、合同条件或条款、设计图纸、工程范围、工程量清单、技术规范和特殊要求等方面。投标者应重视并积极参加由招标单位组织的现场勘察活动，深入调查研究，收集必需的资料。

（五）编制施工组织设计

（1）核实工程量。

（2）编制施工组织设计。

1）选择和确定施工方法。

2）选择施工机械和施工设施。

3）编制施工进度计划。

（六）确定投标报价

投标报价是指由投标人计算的完成招标文件规定的全部工作内容所需一切费用的期望值。

（七）编制投标文件

投标文件应按招标文件要求进行编制，否则可能导致废标，要点如下：

（1）重点研究透彻投标须知、合同条件、技术规范、工程量清单。

（2）收集掌握现行定额标准、取费标准及政策性调价文件。

（3）根据施工现场情况编制施工方案或施工组织设计。

（4）正确运用报价技巧和策略，并用科学方法做出报价决策。

（5）认真填写各种投标表格，需要签章的一定要按要求完成。

（6）要按招标文件要求的方式封装、贴封、签章。

（八）投标文件的投递

投标文件编制完成经核对无误后，由投标人的法定代表人签字盖章，分类装订成册封入密封袋，派专人在投标截止日前送到招标人指定地点，投标人应从收件处领取回执作为凭证。

（九）参加开标会、中标与签约

1. 开标会议

应按规定的日期参加开标会，获取本次投标招标人及竞争者公开信息，以便于比较优劣势，为后续进行研究，以便决策。

2. 中标与签约

投标人接到中标通知书后，应在规定的时间内与招标单位谈判并签订承包合同，同时还要向业主提交履约保证金。

二、投标文件的组成

（1）投标函及投标函附录。

（2）法定代表人身份证明或授权委托书。

（3）联合体协议书（如有）。

（4）投标保证金或保函。

（5）已标价工程量清单。

（6）施工组织设计。

（7）项目管理机构。

（8）拟分包项目情况表。

（9）资格审查资料。

（10）投标人须知前附表规定的其他材料。

三、投标文件的编制

（1）投标文件应按招标文件"投标文件格式"进行编写。

（2）投标文件应当对招标文件有关工期、投标有效期、质量要求、技术标准和要求、招标范围等实质性内容做出响应。

（3）投标文件应用不褪色的材料书写或打印，并由投标人的法定代表人或其委托代理人签字或盖单位章。投标文件应尽量避免涂改、行间插字或删除，如果出现上述情况应加盖单位章或签字确认。

（4）投标文件正本一份，副本份数见投标人须知前附表。投标文件应清楚地标记"正本"或"副本"的字样，当副本和正本不一致时，以正本为准。

（5）投标文件的正本与副本应分别装订成册，并编制目录。

四、编制投标文件的注意事项

1. 一般要求

（1）投标文件中的每一处空白都须填写。

（2）填报文件应当反复校对。

（3）递交的全部文件每页均须签字。

（4）最好是用打字方式填写，或用钢笔或碳素笔正楷字填写。

（5）不得改变投标文件的格式。

（6）应当保持整洁，纸张统一，字迹清楚，装订美观大方。

（7）应明确标明"正本"和"副本"及其份数。

（8）应按规定对投标文件进行分装和密封，按规定日期和时间检查投标文件后一次递交。

2．技术标编制的要求

（1）针对性。不能成篇抄袭，该有的内容不能没有。

（2）全面性。不能发生缺项，有关内容齐全，且无明显的低级错误或理论错误。

（3）先进性。仔细分析招标人的关注点。

（4）可行性。切勿盲目提出不切实际的施工方案。

（5）经济性。施工方案经济合理，使报价更有竞争力。

五、完整案例工程学习资料

案例工程（小溪港枢纽工程）

任务一　获取招标文件，参加现场踏勘、投标预备会

一、任务书内容

（1）投标报名。

（2）获取招标文件。

（3）参加现场踏勘。

（4）参加投标预备会。

二、过程指导

（1）各公司组织人员模拟进行工程项目的投标报名工作，投标人登录工程交易管理服务平台，熟悉工程项目投标报名工作。

（2）获取招标文件，各公司根据第一阶段所完成的招标文件，获取工程项目招标文件，登录电子交易平台，在已报名项目页面中购买并下载招标文件，完成在线获取。

（3）参加现场踏勘，模拟现场踏勘情景。

（4）参加投标预备会，模拟投标预备会情景。

三、填报表格

完成工作计划安排表（表6.1-1）、工作完成情况表（表6.1-2）内容的填写。

表 6.1-1 （＿＿＿＿＿＿公司）**工作计划安排表**

投标阶段：项目六 工程投标

任务一 获取招标文件，参加现场踏勘、投标预备会				
序号	计划完成内容	计划完成时间	任务分配	备注
1	投标报名			
2	获取招标文件			
3	模拟现场踏勘情景			
4	模拟投标预备会情景			

审核人：＿＿＿＿＿＿ 审核日期：＿＿＿＿＿＿

表 6.1-2 （_____公司）**工作完成情况表**

投标阶段：项目六 工程投标

任务一 获取招标文件，参加现场踏勘、投标预备会

序号	具体完成工作内容	计划完成时间	实际完成时间	存在问题及原因分析	完成人
1	完成投标报名工作				
2	获取招标文件				
3	模拟现场踏勘情景				
4	模拟投标预备会情景				

审核人：_____ 审核日期：_____

任务二 商务标编制（略）

提供满足编制投标文件的投标报价基础版本，应结合所学知识对基础版本的报价进行调整后，再作为商务标使用。具体投标报价的编制方法详见项目十一：投标报价。

投标报价基础版本资料

任务三 技术标编制

一、任务书内容

（1）确定施工方案。

（2）编制施工进度计划。

（3）挑选施工机械，并完成施工现场平面布置。

二、过程指导

（1）技术标一般情况下包括以下内容，也可根据具体项目的复杂难易程度进行适当的删减与补充。

1）总体概述。

2）施工准备工作计划。

3）施工总体布置和组织管理机构。

4）施工进度计划。

5）主要分部分项工程施工方案。

6）施工技术措施项目施工方案。

7）质量、安全、环境保护技术措施。

8）文明施工及施工现场保证措施。

9）与有关各方的配合措施。

10）传染性疾病预防措施。

11）工程质量回访及保修措施。

12）季节性施工措施。

13）应急措施。

14）成品保护措施。

（2）确定施工方案。参考典型工程案例投标文件，结合所学专业技术知识编制施工方案。

（3）编制施工进度计划。参考典型工程案例投标文件，结合所学专业技术知识编制施工进度计划。

（4）挑选施工机械，并完成施工现场平面布置。结合投标工程具体情况，参考典型工程案例投标文件编制施工机械选用方案，并完成施工平面布置图。

（5）参考典型案例进行技术标的编制。

技术标书案例

三、填报表格

完成工作计划安排表（表 6.3-1）、工作完成情况表（表 6.3-2）内容的填写。

四、提交成果文件

提交纸质版技术标和电子版的技术标每组各一份。

表 6.3-1　（_____**公司 ）工作计划安排表**

投标阶段：项目六　工程投标

任务三　技术标编制（参照典型案例工程完成）				
序号	计划完成内容	计划完成时间	任务分配	备注
1	确定施工方案			
2	编制施工进度计划			
3	确定施工机械			
4	完成施工现场平面布置			
	审核人：_____　　　　审核日期：_____			

表 6.3-2 （＿＿＿＿＿＿公司） **工作完成情况表**

投标阶段：项目六 工程投标

任务三 技术标编制（参照典型案例工程完成）					
序号	具体完成工作内容	计划完成时间	实际完成时间	存在问题及原因分析	完成人
1	确定施工方案				
2	编制施工进度计划				
3	确定施工机械				
4	完成施工现场平面布置				

审核人：＿＿＿＿＿＿ 审核日期：＿＿＿＿＿＿

任务四　投标文件编制

一、任务书内容

（1）招标文件核心内容分析。

（2）技术标编制（单列工程任务，已在本项目任务三中进行了编制）。

（3）商务标编制（单列工程任务，已提供投标报价基础版本资料）。

（4）准备投标保证金。

（5）对招标文件做出响应，并完成资信标编制。

（6）完成投标文件编制后进行转换签章，生成电子版投标文件。

二、过程指导

（1）招标文件分析。

1）阅读招标文件。

2）对招标文件重点内容进行分析、记录。

（2）整理已编制好的技术标文件。

投标保证金格式

（3）根据提供的投标报价基础版本，结合公司实际情况进行调整，完成商务标的编制工作。

（4）准备投标保证金。根据招标文件指定方式缴纳投标保证金。

（5）对招标文件做出响应，并完成资信标编制。根据招标文件要求格式整理企业资质、人员资质、企业业绩、财务审计报告等资料。

（6）完成投标文件编制后进行转换签章，生成电子版投标文件。

投标文件标准格式

三、填报表格

完成工作计划安排表（表 6.4-1）、工作完成情况表（表 6.4-2）内容的填写。

四、提交成果文件

（1）提交投标保证金缴纳凭证。

投标保证金格式：

投标保证金

_____（招标人名称）：

鉴于_____（投标人名称）（以下简称"投标人"）于_____参加____（项目名称）标段的施工投标，_____（担保人名称，以下简称"我方"）保证：投标人在规定的投标有效期内撤销或修改其投标文件的，或者投标人在收到中标通知书后无正当理由拒签合同或拒交规定履约担保的，我方承担保证责任。收到你方书面通知后，在_____日内向你方支付人民币（大写）_____。

本保函在投标有效期内保持有效，要求我方承担保证责任的通知应在投标有效期内送达我方。

担保人名称：_____（盖单位章）

法定代表人（或其委托代理人）：_____（签字）

地址：_____

邮政编码：_____

电话：_____

日期：_____

备注：经过招标人事先的书面同意，投标人可采用招标人认可的投标保函格式，但相关内容不得背离招标文件约定的实质性内容。

（2）提交纸质版投标文件和电子版投标文件。

表 6.4-1　（＿＿＿＿＿＿＿公司 ）**工作计划安排表**

投标阶段：项目六　工程投标

任务四　投标文件编制				
序号	计划完成内容	计划完成时间	任务分配	备注
1	招标文件分析			
2	技术标审核			
3	商务标审核			
4	准备投标保证金			
5	对招标文件做出响应，并完成资信标编制			
6	完成投标文件编制后进行转换签章，生成电子版投标文件			
			审核人：＿＿＿＿＿＿＿　　审核日期：＿＿＿＿＿＿＿		

表 6.4-2　　（＿＿＿＿＿＿公司）**工作完成情况表**

投标阶段：项目六　工程投标

任务四　投标文件编制

序号	具体完成工作内容	计划完成时间	实际完成时间	存在问题及原因分析	完成人
1	招标文件分析				
2	技术标审核与排版				
3	商务标审核与排版				
4	缴纳投标保证金				
5	准备投标公司企业资质				
6	配置人员资质				
7	财务审计报告				
8	转换签章并生成电子版投标文件				

审核人：＿＿＿＿＿＿　　　　审核日期：＿＿＿＿＿＿

任务五　投标文件封装、递交

一、任务书内容

投标文件封装、模拟递交投标文件。

二、过程指导

投标文件编制完成经核对无误后，由投标人的法定代表人签字盖章，分类装订成册封入密封袋，派专人在投标截止日前送到招标人指定地点，投标人应从收件处领取回执作为凭证。投标文件递交时所需相关记录表格（可扫描下方二维获取）具体为招标人会议签到表；投标单位会议签到表；投标文件递交时间签字表；投标文件密封性确认签字表。

投标文件递交时
所需相关记录表格

三、填报表格

完成工作计划安排表（表 6.5-1）、工作完成情况表（表 6.5-2）内容的填写。

四、提交成果文件

（1）招标代理公司提交投标文件时所需的记录表格一份。
（2）提交招标代理公司的密封的投标文件（根据组建公司数确定）。

表 6.5-1 （＿＿＿＿＿＿公司）**工作计划安排表**

投标阶段：项目六 工程投标

任务五 投标文件封装、递交				
序号	计划完成内容	计划完成时间	任务分配	备注
1	核对投标文件			
2	封装投标文件			
3	投标文件递交			
	审核人：＿＿＿＿＿＿		审核日期：＿＿＿＿＿＿	

表 6.5-2 （_____公司 ）工作完成情况表

投标阶段：项目六 工程投标

任务五 投标文件封装、递交					
序号	具体完成工作内容	计划完成时间	实际完成时间	存在问题及原因分析	完成人
1	核对投标文件				
2	封装投标文件				
3	投标文件递交				

审核人：_____　　　　审核日期：_____

实训评价

　　根据列出的评价标准及分值，对工程投标要检查的内容进行评价，判断是否完成任务书所要求的内容，是否达到综合实训的目标。

　　评价方式采取过程评价和结果评价两种，评价方法采取老师评价和小组内部成员互相评价相结合。过程评价和结果评价综合得分为学生的此工作任务得分。

　　在工作任务实施时，要事先确定好两个比重：一是任务过程评分和任务成果评分占总得分的比重；二是老师评分和小组评分占总得分的比重。

　　根据各自的身份，完成任务过程评价表（表 6.6-1）、任务成果评价表（表 6.6-2）、任务总体评价表（表 6.6-3）对应评价得分的填写。

表 6.6-1　（＿＿＿＿＿＿＿＿公司）**任务过程评价表**

投标阶段：项目六　工程投标

被考核人		任务过程评价得分		
检查内容	个人自评得分 （20 分）	小组评价得分 （40 分）	教师评价得分 （40 分）	综合得分 （100 分）
1. 分工合理（20%）				
2. 角色扮演（20%）				
3. 全员参与（20%）				
4. 团队协作（20%）				
5. 工作态度（20%）				
合　计				
评价人签名				

表 6.6-2　（＿＿＿＿＿公司）任务成果评价表

投标阶段：项目六　工程投标

被考核人					任务成果评价得分				
检查内容	教师评价得分（40分）				小组评价得分（60分）				综合得分（100分）
	良好	一般	合格	不合格	良好	一般	合格	不合格	
表 6.1-1									
表 6.1-2									
获取招标文件，参加现场踏勘、投标预备会									
表 6.3-1									
表 6.3-2									
技术标编制									
表 6.4-1									
表 6.4-2									
投标文件编制									
表 6.5-1									
表 6.5-2									
投标文件封装递交									
合计									
评价人签名									

表 6.6-3 (＿＿＿＿＿＿公司) 任务总体评价表

招标阶段：项目六 工程投标

被考核人		项目六：总得分	
实践项目六		工程投标	
		权重前得分	权重后得分
任务过程评价（60%）			
任务成果评价（40%）			
得分汇总确认签名			
实践与反思			

项目七

工程开标与评标

项目七

实训目标

1. 学习利用开标、评标系统进行工程开标、评标实操操作。
2. 熟悉技术标、经济标评审重点。
3. 学习电子招标投标的开标、评标交易操作。

实训任务

任务一 开标前的准备工作
任务二 开标
任务三 评标
任务四 中标候选人公示、备案工作

背景资料

相关知识要点：

一、开标准备工作

1. 接收投标文件

在投标截止时间后递交的投标文件，招标人应当拒绝接收。至投标截止时间提交投标文件的投标人少于3家的，不得开标，招标人应将接收的投标文件退回投标人，并依法重新组织招标。

2. 开标现场及开标资料

招标人应保证受理的投标文件不丢失、不损坏、不泄密，并组织工作人员将投标截止时间前受理的投标文件运送到开标地点。

招标人应准备好开标资料，包括开标记录一览表、投标文件接收登记表等。

二、开标程序

1. 主要程序

开标由招标人主持，其主要程序如下：

（1）宣布开标纪律。

（2）确认投标人代表身份。

（3）公布在投标截止日前接收投标文件的情况。

（4）宣布有关人员姓名。

（5）检查标书的密封情况。

（6）宣布投标文件开标顺序。

（7）唱标。

（8）开标记录签字。

（9）开标结束。

2．开标应注意的问题

（1）开标时间和地点。

（2）开标参与人。

三、评标要求

（一）评标原则

（1）遵循公平、公正、科学、择优的原则。

（2）任何单位和个人不得非法干预或影响评标过程和结果。

（3）在严格保密的情况下进行。

（4）严格遵守评标方法。

（二）评标纪律

评标委员会成员应当客观、公正地履行职务，遵守职业道德，对所提出的评审意见承担个人责任。评标委员会成员不得私下接触投标人，不得收受投标人的财物或其他好处。

评标委员会成员和参与评标的有关工作人员不得透露对投标文件的评审与比较、中标候选人的推荐情况及与评标有关的其他情况。

（三）评标委员会

1．评标专家的资格

（1）从事相关领域工作满 8 年并具有高级职称或者具有同等专业水平。

（2）熟悉有关招标投标的法律、法规，并具有与招标项目相关的实践经验。

（3）能够认真、公正、诚实、廉洁地履行职责。

2．评标委员会的组成

评标委员会由招标人的代表和有关技术、经济等方面的专家组成，成员人数为 5 人以上单数，其中技术、经济等方面的专家不得少于成员总数的三分之二。

一般招标项目可以采取随机抽取方式，特殊招标项目可以由招标人直接确定。

（四）评标程序与内容

1．评标准备工作

认真研究招标文件，熟悉评标方法和在评标过程中考虑的相关因素。

2．初步评审

评标委员会应当根据招标文件，审查并逐项列出投标文件的全部投标偏差。投标偏差分为重大偏差和细微偏差。

3．详细评审

评标委员会应当根据招标文件确定的评标标准和方法，对经初步评审合格的投标文件技术部分和商务部分做进一步评审、比较。

评标方法包括经评审的综合评分法、评标价法或者法律、行政法规允许的其他评标方法。

（1）综合评分法：将评审内容分类后分别赋予不同权重，评标委员依据评分标准对各类内容细分的小项进行相应的打分，最后计算的累计分值反映投标人的综合水平，以得分最高的投标书为最优。

（2）评标价法：是指评审过程中以该标书的报价为基础，将报价之外需要评定的要素按预先规定的折算办法换算为货币价值，根据对招标人有利或不利的原则在投标报价上增加或扣减一定金额，最终构成评标价格。

以评标价最低的标书为最优，而不是投标报价最低为最优。评标价仅作为衡量投标人能力高低的量化比较值，与中标人签订合同时仍以投标价格为准。

4．形成评标报告和推荐中标候选人

评标委员会对评标结果汇总并取得一致意见，确定中标人顺序，形成评标报告。评标报告由评标委员会全体成员签字。

（五）评标期限的有关规定

（1）投标有效期。

（2）定标期限。依法必须进行招标的项目，招标人应当自收到评标报告之日起3日内公示中标候选人，公示期不得少于3日。

（3）签订合同的期限。

（4）退还投标保证金的期限。招标人最迟应当在与中标人签订合同后5日内向中标人和未中标的投标人退还投标保证金。

四、定标

1．定标依据

评标委员会根据招标文件提交评标报告，推荐的中标候选人为1～3人，并标明排序。中标人应符合下列条件之一：

（1）能够最大限度地满足招标文件中规定的各项综合评价标准。

（2）能够满足招标文件的实质性要求，并且经评审的投标价格最低；但是投标价格低于成本的除外。招标人自确定中标人的15日内向工程所在地建设行政主管部门提交招标投标的书面报告。

2．中标通知书

我国法学界一般认为，建设工程招标公告和投标邀请书是要约邀请，而投标文件是要约，中标通知书是承诺。中标通知书对招标人和中标人具有法律效力。中标通知书发出后，招标人改变中标结果或者中标人放弃中标项目，应当依法承担法律责任。

开标记录相关表格包括开标记录表、评标委员会签到表、投标报价得分表、资格预审审查汇总表。

开标记录相关表格

任务一　开标前的准备工作

一、任务书内容

（1）完成开标现场、人员准备工作。

（2）递交投标书、投标保证金。

二、过程指导

（1）完成开标现场、人员准备工作。

1）开标会会场布置；

2）会场准备；

3）开标人员准备工作（主持人、监标人、监督人、唱标人、记录员）。

（2）递交投标书、投标保证金。

1）投标人按照招标文件规定的时间、地点，准时参加开标会；

2）投标人（被授权人）在开标会现场将投标文件、投标保证金、授权委托书等提交招标人；招标人检查无误后，收取投标文件、投标保证金。

三、填报表格

完成工作计划安排表（表 7.1-1）、工作完成情况表（表 7.1-2）内容的填写。

四、提交成果文件

递交投标保证金凭证。

表 7.1-1　（＿＿＿＿＿＿公司）**工作计划安排表**

评标阶段：项目七　工程开标与评标

任务一　开标前的准备工作

序号	计划完成内容	计划完成时间	任务分配	备注
1	开标前各项准备工作			
2	缴纳投标保证金			
3	递交投标书			

审核人：＿＿＿＿＿＿　　审核日期：＿＿＿＿＿＿

表 7.1-2　（＿＿＿＿＿＿公司）工作完成情况表

评标阶段：项目七　工程开标与评标

任务一　开标前的准备工作

序号	具体完成工作内容	计划完成时间	实际完成时间	存在问题及原因分析	完成人
1	开标前各项准备工作				
2	缴纳投标保证金				
3	递交投标书				

审核人：＿＿＿＿＿＿　　　　审核日期：＿＿＿＿＿＿

任务二 开标

一、任务书内容

进行开标工作。

二、过程指导

（1）开标现场准备工作。

1）打开广联达开评标系统，导入招标文件新建评标项目。

2）完成设置后导入投标文件，完成系统开标工作。

3）查看开标与唱标工作虚拟仿真视频。

（2）进行开标。做好现场唱标工作，并做好记录。

（3）招标人、投标人签到表，扫描右侧二维码获取。

招标人、
投标人签到表

三、填报表格

完成工作计划安排表（表 7.2-1）、工作完成情况表（表 7.2-2）内容的填写。

四、提交成果文件

提交投标保证金缴纳凭证和现场唱标记录一份。

表 7.2-1　（＿＿＿＿＿＿公司 ）工作计划安排表

评标阶段：项目七　工程开标与评标

任务二　开标

序号	计划完成内容	计划完成时间	任务分配	备注
1	开标准备工作			
2	缴纳投标保证金			
3	递交投标文件			
4	唱标			
5	唱标记录			

审核人：＿＿＿＿＿＿　　　审核日期：＿＿＿＿＿＿

表 7.2-2　（＿＿＿＿＿＿公司）工作完成情况表

评标阶段：项目七　工程开标与评标

任务二　开标					
序号	具体完成工作内容	计划完成时间	实际完成时间	存在问题及原因分析	完成人
1	开标准备工作				
2	缴纳投标保证金				
3	递交投标文件				
4	唱标				
5	唱标记录				
	审核人：＿＿＿＿＿＿			审核日期：＿＿＿＿＿＿	

任务三　评标

一、任务书内容

（1）完成标书评审工作。

（2）评审结果记录备案。

二、过程指导

（1）完成标书评审工作。

1）完成技术标评审工作。

2）完成资信标评审工作。

3）完成商务标评审工作。

每个模拟公司推荐 2 名学生代表，通过抽选的方式选定 5～7 名评标专家，进行投标文件评审工作。

（2）完成评标记录备案工作。

1）填写评标记录文件，可扫描右侧二维码获取。

2）完成评标记录录入，做好备案工作。

评标记录表格
（一般施工项目）

三、填报表格

完成工作计划安排表（表 7.3-1）、工作完成情况表（表 7.3-2）内容的填写。

四、提交成果文件

提交评标记录表格一份。

表 7.3-1　（＿＿＿＿＿＿公司）工作计划安排表

评标阶段：项目七　工程开标与评标

任务三　评标				
序号	计划完成内容	计划完成时间	任务分配	备注
1	投标文件评审工作			
2	开展评标工作			
3	中标人公示			

审核人：＿＿＿＿＿＿　　　审核日期：＿＿＿＿＿＿

表 7.3-2　（＿＿＿＿＿＿公司）工作完成情况表

评标阶段：项目七　工程开标与评标

任务三　评标					
序号	具体完成工作内容	计划完成时间	实际完成时间	存在问题及原因分析	完成人
1	推荐评标专家 2 名				
2	开展评标工作				
审核人：＿＿＿＿＿＿　　　审核日期：＿＿＿＿＿＿					

任务四　中标候选人公示、备案工作

一、任务书内容

（1）完成中标候选人备案工作。

（2）完成中标公示备案工作。

二、过程指导

（1）完成中标候选人备案工作。

1）招标人根据评标委员会提交的评标报告，确定中标人。

2）登录电子招标投标管理平台，完成中标候选人备案。

3）行政监管人员在线审批。

评标报告模板

（2）完成评标报告编写，并填写评标报告，扫描右侧二维码获取评标报告模板。

（3）完成中标公告备案工作。

1）在线发布中标公示，参见中标候选人公示案例，填写中标候选人公示。

中标候选人公示案例　　　　中标候选人公示模板

登录电子招标投标管理平台，完成中标公示发布工作（招标人发布中标公示，投标人查看中标结果）。

2）行政监管人员在线审批。

3）填写中标通知书。

三、填报表格

完成工作计划安排表（表7.4-1）、工作完成情况表（表7.4-2）内容的填写。

四、提交成果文件

提交中标通知书一份；提交评标报告一份。

表 7.4-1　(　　　　　　公司) 工作计划安排表

评标阶段：项目七　工程开标与评标

任务四　中标候选人公示、备案工作				
序号	计划完成内容	计划完成时间	任务分配	备注
1	中标候选人备案工作，完成评标报告编制			
2	中标公示、备案工作			

审核人：_____　　审核日期：_____

表 7.4-2 (＿＿＿＿＿＿公司）工作完成情况表

评标阶段：项目七 工程开标与评标

任务四 中标候选人公示、备案工作					
序号	具体完成工作内容	计划完成时间	实际完成时间	存在问题及原因分析	完成人
1	确定中标候选人，完成评标报告编制				
2	中标候选人公示				

审核人：＿＿＿＿＿＿   审核日期：＿＿＿＿＿＿

实 训 评 价

　　根据列出的评价标准及分值，对工程开标与评标要检查的内容进行评价，判断是否完成任务书所要求的内容，是否达到综合实训的目标。

　　评价方式采取过程评价和结果评价两种，评价方法采取老师评价和小组内部成员互相评价相结合。过程评价和结果评价综合得分为学生的此工作任务得分。

　　在工作任务实施时，要事先确定好两个比重：一是任务过程评分和任务成果评分占总得分的比重；二是老师评分和小组评分占总得分的比重。

　　根据各自的身份，完成任务过程评价表（表7.5-1）、任务成果评价表（表7.5-2）、任务总体评价表（表7.5-3）对应评价得分的填写。

表 7.5-1　（＿＿＿＿＿＿公司）任务过程评价表

评标阶段：项目七　工程开标与评标

被考核人		任务过程评价得分		
检查内容	个人自评得分 （20分）	小组评价得分 （40分）	教师评价得分 （40分）	综合得分 （100分）
1. 分工合理（20%）				
2. 角色扮演（20%）				
3. 全员参与（20%）				
4. 团队协作（20%）				
5. 工作态度（20%）				
合计				
评价人签名				

表 7.5-2　（＿＿＿＿＿＿公司）任务成果评价表

评标阶段：项目七　工程开标与评标

被考核人					任务成果评价得分				
检查内容	教师评价得分（40 分）				小组评价得分（60 分）				综合得分（100 分）
	良好	一般	合格	不合格	良好	一般	合格	不合格	
表 7.1-1									
表 7.1-2									
开标准备工作									
表 7.2-1									
表 7.2-2									
开标记录									
表 7.3-1									
表 7.3-2									
评标记录									
表 7.4-1									
表 7.4-2									
中标通知									
评标报告									
合计									
评价人签名									

表 7.5-3　(＿＿＿＿＿＿公司) 任务总体评价表

评标阶段：项目七　工程开标与评标

被考核人		项目七：总得分	
实践项目七		工程开标与评标	
		权重前得分	权重后得分
任务过程评价（60％）			
任务成果评价（40％）			
得分汇总确认签名			
实践与反思			

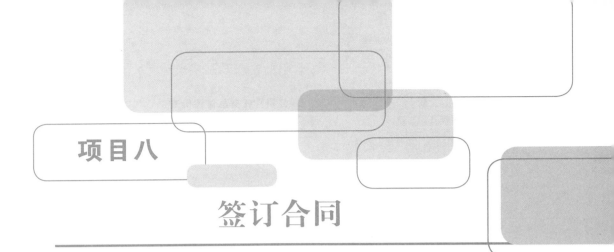

项目八

签订合同

实 训 目 标

1. 熟悉合同文本，了解专用条款内容。
2. 熟悉招标投标结束后的业务收尾工作内容。

实 训 任 务

任务 签订合同

背 景 资 料

相关知识要点：

一、建设工程合同的基本概念

建设工程合同是指承包人进行工程建设，发包人支付价款的合同。一项工程一般包括勘察、设计和施工等一系列过程，因此，建设工程合同通常包括工程勘察、设计、施工合同。

二、建设工程合同的特征

（1）建设工程合同的主体必须是法人。

（2）建设工程合同的标的是基本建设工程。

（3）建设工程合同的签订和履行受到国家的严格管理与监督。

（4）建设工程合同是要式合同，应当采用书面形式。

三、建设工程合同的类型

建设工程合同的类型见表 8.0-1。

表 8.0-1　建设工程合同的类型

序号	分类条件	合同名称
1	根据承包的内容不同	工程勘察合同
		工程设计合同
		工程施工合同
2	根据合同联系结构不同	总承包合同与分别承包合同
		总包合同与分包合同

续表

序号	分类条件	合同名称
3	根据项目管理模式与参与者关系不同	传统模式条件下的合同
		设计建造－EPC－交钥匙模式条件下的合同
		施工管理模式条件下的合同
		BPT模式条件下的合同

1. 承包合同的种类

（1）设计—建造及交钥匙承包合同。

（2）施工总承包。

（3）单位工程施工承包。

（4）分包合同。

（5）其他承包形式，如管理承包方式。

2. 工程承包合同文件的范围

通常工程承包合同所包括的内容和执行上的优先次序为（在执行中，双方理解不一致的，以法律效力优先的文件为准）：

（1）承包合同签订后双方达成一致的补充协议、备忘录、修正案和其他协议文件。

（2）合同协议书——双方签署的合同协议书。

（3）中标通知书。

（4）投标书。

（5）合同条件。

（6）合同签订前双方达成一致的书信、会谈纪要、备忘录、附加协议和其他文件。

（7）合同的技术文件和其他附件。

3. 工程承包合同文本的结构

任何合同文本都有自身的结构，有一些必要的条款（内容）和应说明的问题，条款之间有一定的内在联系。工程合同可以分为以下五大类条款：

（1）合同前言。

（2）词语定义。

（3）技术方面的规定。

（4）商务和组织方面的规定。

（5）法律方面的规定。

四、建设工程施工合同的内容

建设工程施工合同的内容包括工程范围、建设工期、中间交工工程的开工和竣工时间、工程质量、工程造价、技术资料交付时间、材料和设备供应责任、拨款和结算、竣工验收、质量保修范围和质量保证期、双方相互协作等条款。

五、《建设工程施工合同（示范文本）》（GF－2017－0201）的组成

《建设工程施工合同（示范文本）》由合同协议书、通用合同条款和专用合同条款三部分组成，并附有11个附件。合同协议书共计13条，

施工合同文本

集中约定了合同当事人基本的合同权利义务。通用合同条款共计 20 条，既考虑了现行法律、法规的有关要求，也考虑了施工管理的特殊需要。专用合同条款是对通用合同条款原则性约定的细化、完善、补充、修改或另行约定的条款，编号与相应的通用合同条款编号一致。附件对合同当事人的权利、义务进一步进行明确，并且使施工合同当事人对有关工作一目了然，便于执行和管理。

六、施工合同文件的组成及解释顺序

施工合同文件应能相互解释，互为说明，除专用合同条款另有约定外，组成施工合同的文件及优先解释顺序如下：

（1）合同协议书。

（2）中标通知书。

（3）投标书及其附件。

（4）合同专用条款。

（5）合同通用条款。

（6）标准、规范及有关技术文件。

（7）图纸。

（8）工程量清单。

（9）工程报价单或预算书。

在合同履行中，发包人与承包人有关工程的洽商、变更等书面协议或文件视为合同的组成部分。

七、合同签订的时间要求

招标人和中标人应当自中标通知书发出之日起 30 日内按照招标文件和中标人的投标文件签订书面合同。

八、投标保证金的退还和履约担保

（1）投标保证金的退还。招标人与中标人签订合同后 5 个工作日内，应当向中标人和未中标的投标人一次性退还投标保证金。

（2）提交履约担保。招标文件要求中标人提交履约保证金或其他形式履约担保的，中标人应当提交，拒绝提交的，视为放弃中标项目。

任务　签订合同

一、任务书内容

（1）准备合同文件。

（2）完成合同签订。

二、过程指导

（1）准备合同文件。

1）项目经理带领团队成员，根据招标文件和投标书（自己团队的投标书）的内容，完善《合同协议书》。

2）合同谈判。招标人或投标人，如果对合同文件内容有异议，可以在线进行合同谈判，将需要更改的条款内容进行记录，并与合同签订另外一方进行条款变更的谈判，直至确定结论（注：合同不能有实质性修改）。

（2）完成合同签订。

1）方案一：

①招标人由老师指定的学生代表担任；每个学生团队为一个投标人。

②道具：合同协议书、公司印章、法定代表人印章。

③教室现场模拟招标人与投标人进行合同签订的过程。

2）方案二：

①招标人、投标人分别由老师指定的学生代表担任；

②道具：合同协议书、公司印章、法定代表人印章；

③教室现场模拟招标人与投标人进行合同签订的过程，班级同学观摩。

三、填报表格

完成工作计划安排表（表8.1-1）、工作完成情况表（表8.1-2）内容的填写。

四、提交成果文件

中标单位提交一份纸质版施工合同文本和电子版的施工合同；其他小组提交一份电子版的施工合同（根据项目实际情况，填写合同专用条款内容）。

表 8.1-1 　（＿＿＿＿＿＿公司 ） **工作计划安排表**

评标阶段：项目八　签订合同

任务　签订合同				
序号	计划完成内容	计划完成时间	任务分配	备注
1	编制合同文本			
2	完成合同签订			

审核人：＿＿＿＿＿＿　　　审核日期：＿＿＿＿＿＿

表 8.1-2　（＿＿＿＿＿＿＿公司）工作完成情况表

评标阶段：项目八　签订合同

任务　签订合同					
序号	具体完成工作内容	计划完成时间	实际完成时间	存在问题及原因分析	完成人
1	编写合同文本				
2	完成合同签订				

审核人：＿＿＿＿＿＿　　　　　审核日期：＿＿＿＿＿＿

实 训 评 价

　　根据列出的评价标准及分值，对签订合同要检查的内容进行评价，判断是否完成任务书所要求的内容，是否达到综合实训的目标。

　　评价方式采取过程评价和结果评价两种，评价方法采取老师评价和小组内部成员互相评价相结合。过程评价和结果评价综合得分为学生的此工作任务得分。

　　在工作任务实施时，要事先确定好两个比重：一是任务过程评分和任务成果评分占总得分的比重；二是老师评分和小组评分占总得分的比重。

　　根据各自的身份，完成任务过程评价表（表8.2-1）、任务成果评价表（表8.2-2）、任务总体评价表（表8.2-3）对应评价得分的填写。

表 8.2-1 　（＿＿＿＿＿＿公司）**任务过程评价表**

评标阶段：项目八　签订合同

被考核人	任务过程评价得分			
检查内容	个人自评得分 （20分）	小组评价得分 （40分）	教师评价得分 （40分）	综合得分 （100分）
1. 分工合理（20%）				
2. 角色扮演（20%）				
3. 全员参与（20%）				
4. 团队协作（20%）				
5. 工作态度（20%）				
合计				
评价人签名				

表 8.2-2 (＿＿＿＿＿公司) 任务成果评价表

评标阶段：项目八 签订合同

被考核人					任务成果评价得分				
检查内容	教师评价得分 (40分)				小组评价得分 (60分)				综合得分 (100分)
	良好	一般	合格	不合格	良好	一般	合格	不合格	
表 8.1-1									
表 8.1-2									
合同签订									
合计									
评价人签名									

表 8.2-3 （_____**公司**）**任务总体评价表**

评标阶段：项目八 签订合同

被考核人		项目八：总得分	
实践项目八		签订合同	
		权重前得分	权重后得分
任务过程评价（60%）			
任务成果评价（40%）			
得分汇总确认签名			
实践与反思			

模块二 计量计价

工程量清单编制及清单计价任务指导书

（适用课程：建筑工程计量与计价课程实训、综合实训）

一、实训目的

通过对房屋建筑与装饰工程工程量清单编制及清单计价综合能力的训练，提高学生正确贯彻执行国家建设工程相关法律、法规，正确应用现行《建设工程工程量清单计价规范》（GB 50500—2013）、《房屋建筑与装饰工程工程量计算规范》（GB 50854—2013）、现行预算定额、建筑工程设计和施工规范、标准图集等的基本技能；提高学生运用所学的专业理论知识解决实际问题的能力；使学生熟练掌握房屋建筑与装饰工程工程量清单编制及清单计价的方法和技巧，培养学生编制房屋建筑与装饰工程工程量清单及清单计价的专业技能。

二、实训要求

（1）具有编制工程量清单的能力。

1）能编制分部分项工程工程量清单。

2）能编制措施项目清单。

3）能编制其他项目清单。

4）能编制规费、税金项目清单。

5）会写编制说明、填写封面。

（2）具有工程量清单计价的能力。

1）能准确编制综合单价。

2）能计算分部分项工程和单价措施项目费。

3）能计算总价措施项目费。

4）能计算其他项目费。

5）能计算规费和税金。

6）能对单位工程进行清单报价。

三、实训项目

在实训指导教师的引导下，完成以下实习项目的训练任务：

项目九 工程量清单编制

项目十 招标控制价

项目十一 投标报价

四、组织形式

根据班级人数，按照4～6人一组，组建团队模拟公司且不少于3家，按照角色分工，在实训教师的指导下完成每个项目的实训任务。

五、实训进度安排

工程量清单编制及清单计价阶段实训项目课时分配表

序号	项目名称	课时分配	工程量清单编制及清单计价阶段具体实训任务
项目九	工程量清单编制	40	熟悉图纸、计算工程量、编制工程量清单

序号	项目名称	课时分配	工程量清单编制及清单计价阶段具体实训任务
项目十	招标控制价	20	计算综合单价、分部分项工程费、措施项目费、其他项目费、规费和税金，完成招标控制价文件编制
项目十一	投标报价	20	计算综合单价、分部分项工程费、措施项目费、其他项目费、规费和税金，完成投标报价文件编制
	合计	80	

六、成绩评定

技能实训成绩按百分制计算，根据下列条件评定。

1. 评分原则

（1）投标文件的准确程度。

（2）投标文件或施工合同符合规范程度。

（3）文本格式没有文字错误及格式错误。

（4）投标文件装帧美观大方。

（5）参与招标投标程序的表现。

（6）出勤和课堂表现。

2. 评分方式

（1）根据列出的评价标准及分值，对实训项目要检查的内容进行评价，判断是否完成任务书所要求的内容，是否达到综合实训的目标。

（2）评价方式采取过程评价和结果评价两种，评价方法采取老师评价和小组内部成员互相评价相结合。过程评价和结果评价综合得分为学生的此工作任务得分。

（3）在工作任务实施前，要事先确定好两个比重：一是任务过程评分和任务成果评分占总得分的比重；二是老师评分和小组评分占总得分的比重。

（4）根据不同角色，完成过程评价表、成果评价表、总体评价表，最后获得个人评价得分。

七、提交成果文件

（1）广联达计量软件模型文件一份、导出的电子版招标工程量清单一份。

（2）广联达计价软件计价文件一份。

（3）电子版招标控制价文件一份、纸质版招标控制价文件一份。

（4）电子版投标报价文件一份、纸质版投标报价文件一份。

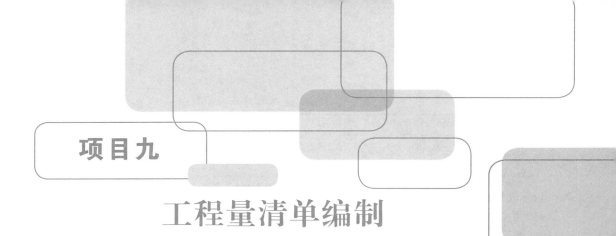

项目九

工程量清单编制

实训目标

1. 熟读施工图纸。
2. 能用广联达计量软件进行建模。
3. 能编制分部分项工程项目清单和措施项目清单。
4. 能编制其他项目清单、规费和税金项目清单。
5. 能编写工程量清单编制说明，整理工程量清单。

实训任务

任务一 明确招标范围，熟悉工程图纸，明确任务分工
任务二 手算、机算相结合，计算清单工程量
任务三 编制分部分项工程项目清单和措施项目清单
任务四 编制其他项目清单、规费和税金项目清单
任务五 整理资料、编写说明、打印工程量清单

背景资料

相关知识要点：
一、工程量清单的含义及编制

1. 工程量清单的含义

工程量清单（Bills of Quantities，BQ），是指载明建设工程分部分项工程项目、措施项目、其他项目的名称和相应数量以及规费、税金项目等内容的明细清单。

2. 招标工程量清单的含义

招标工程量清单（BQ for Tendering），是指招标人依据国家标准、招标文件、设计文件及施工现场实际情况编制的，随招标文件发布供投标报价的工程量清单，包括其说明和表格。

3. 招标工程量清单的一般规定

（1）招标工程量清单应由具有编制能力的招标人或受其委托、具有相应资质的工程造价咨询人编制。

（2）招标工程量清单必须作为招标文件的组成部分，其准确性和完整性应由招标人负责。

（3）招标工程量清单是工程量清单计价的基础，应作为编制招标控制价、投标报价、计算或调整工程量、索赔等的依据之一。

（4）招标工程量清单应以单位（项）工程为单位编制，应由分部分项工程项目清单、措施项目清单、其他项目清单、规费和税金项目清单组成。

4. 招标工程量清单的编制依据

（1）《建设工程工程量清单计价规范》（GB 50500—2013）及相关工程的国家计量规范。

（2）国家、行业或地方建设行政管理部门颁发的工程定额和计价办法。

（3）建设工程设计文件及相关资料。

（4）与建设工程有关的标准、规范、技术资料。

（5）拟订的招标文件。

（6）施工现场情况、地勘水文资料、工程特点及常规施工方案。

（7）《上海市建设工程工程量清单计价应用规则》。

（8）其他相关资料。

二、招标工程量清单的相关表格形式

招标工程量清单应以单位（项）工程为单位编制，应由分部分项工程项目清单、措施项目清单、其他项目清单、规费和税金项目清单组成。

具体由招标工程量清单封面，招标工程量清单扉页，工程量清单总说明，分部分项工程和单价措施项目清单，总价措施项目清单，其他项目清单，规费、税金项目清单，主要材料、工程设备一览表等组成。

1. 封面

招标工程量清单封面是招标工程量清单的外表装饰，招标工程量清单封面应填写招标工程项目的具体名称，招标人应盖单位公章。招标人委托工程造价咨询人编制招标工程量清单的封面除招标人盖单位公章外，还应加盖受委托编制招标工程量清单的工程造价咨询人的单位公章。其格式见表 9.0-1。

表 9.0-1 招标工程量清单封面

_____工程

招标工程量清单

招 标 人：_____

（单位盖章）

造价咨询人：_____

（单位盖章）

年　　月　　日

2. 扉页

招标人自行编制工程量清单时，由招标人单位注册的造价人员编制，招标人盖单位公章，法定代表人或其授权人签字或盖章。编制人是造价工程师的，由其签字盖执业专用章；编制人是造价员的，在编制人栏签字盖专用章，应由造价工程师复核，并在复核人栏签字盖执业专用章。

招标人委托工程造价咨询人编制工程量清单时，由工程造价咨询人单位注册的造价人员编制，工程造价咨询人盖单位资质专用章，法定代表人或其授权人签字或盖章。编制人是造价工程师的，由其签字盖执业专用章；编制人是造价员的，在编制人栏签字盖专用章，应由造价工程师复核，并在复核人栏签字盖执业专用章。其格式见表9.0-2。

表9.0-2　招标工程量清单扉页

_____工程

招标工程量清单

招标人：_____ 　　　造价咨询人：_____
　　　　　（单位盖章）　　　　　　　　　　　　　　（单位资质专用章）

法定代表人
或其授权人：_____ 　　法定代表人
　　　　　　（签字或盖章）　　　　　或其授权人：_____
　　　　　　　　　　　　　　　　　　　　　　　　（签字或盖章）

编　制　人：_____ 　　复　核　人：_____
　　　（造价人员签字盖专用章）　　　　　　（造价工程师签字盖专用章）

编制时间：　　年　　月　　日　　　复核时间：　　年　　月　　日

3. 总说明

总说明的内容应包括以下几项：

（1）工程概况，如建设地址、建设规模、工程特征、交通状况、环保要求等。

（2）工程发包、分包范围。

（3）工程量清单编制依据，如采用的标准、施工图纸、标准图集等。

（4）使用的材料设备、施工的特殊要求等。

（5）其他需要说明的问题。

总说明格式见表 9.0-3。

表 9.0-3　总说明

工程名称：　　　　　　　　　　　　　　　　　　　　　　　　　　　第　页　共　页

4. 分部分项工程项目清单与计价表

分部分项工程项目清单与计价表见表 9.0-4。

表 9.0-4　分部分项工程项目清单与计价表

工程名称：　　　　　　　　　　　　　　　标段：　　　　　　　　　　　第 页 共 页

序号	项目编码	项目名称	项目特征描述	工程内容	计量单位	工程量	金　额/元		
							综合单价	合价	其中：暂估价
本页小计									
合　计									

注：为计取规费等的使用，可在表中增设"其中：定额人工费"。

5. 综合单价分析表

综合单价分析表见表 9.0-5。

表 9.0-5　**综合单价分析表**

工程名称：　　　　　　　　　　　　　标段：　　　　　　　　　　第　页　共　页

项目编码		项目名称		计量单位		工程量	
清单综合单价组成明细							

定额编号	定额项目名称	定额单位	数量	单价				合价			
				人工费	材料费	机械费	管理费和利润	人工费	材料费	机械费	管理费和利润

人工单价	小　计
元/工日	未 计 价 材 料 费
清单项目综合单价	

材料费明细	主要材料名称、规格、型号	单位	数量	单价/元	合价/元	暂估单价/元	暂估合价/元
	其他材料费			—		—	
	材料费小计			—		—	

注：1. 不使用上海市或行业建设行政管理部门发布的计价依据，可不填定额项目、编号等。

2. 招标文件提供了暂估单价的材料及工程设备，按暂估的单价填入表内"暂估单价"栏及"暂估合价"栏。

3. 所有分部分项工程工程量清单项目，均须编制电子文档形式的综合单价分析表。

6. 措施项目清单与计价相关表格

(1) 措施项目清单与计价汇总表见表 9.0-6。

表 9.0-6 措施项目清单与计价汇总表

工程名称：　　　　　　　　　　标段：　　　　　　　　第 页 共 页

序号	项目名称	金　额/元
1	整体措施项目（总价措施费）	
1.1	安全防护、文明施工费	
1.2	其他措施项目费	
2	单项措施费（单价措施费）	
	合　计	

（2）安全防护、文明施工清单与计价明细表见表 9.0-7。

表 9.0-7　安全防护、文明施工清单与计价明细表

工程名称：　　　　　　　　　　　　　标段：　　　　　　　　　　　　　第　页　共　页

序号	项目编码	名称	计量单位	项目名称	工作内容及包含范围	金额/元
		环境保护	项			
		文明施工				
		临时设施				
		安全施工				
合　计						

（3）其他措施项目清单与计价表见表9.0-8。

表 9.0-8　其他措施项目清单与计价表

工程名称：　　　　　　　　　　　　标段：　　　　　　　　　　第 页 共 页

序号	项目编码	项目名称	工作内容、说明及包含范围	金　额/元
1		夜间施工费		
2		非夜间施工照明费		
3		二次搬运费		
4		冬雨期施工		
5		地上、地下设施、建筑物的临时保护设施		
6		已完工程及设备保护		
...	...			
		合　　计		

注：1. 最高投标限价根据工程造价管理部门的有关规定编制。

2. 投标报价根据拟建工程实际情况报价。

3. 措施项目费用应考虑企业管理费、利润和规费因素。

（4）单价措施项目清单与计价表见表9.0-9。

表 9.0-9　单价措施项目清单与计价表

工程名称：　　　　　　　　　　　　标段：　　　　　　　　　　第 页 共 页

序号	项目编码	项目名称	项目特征描述	工程内容	计量单位	工程量	综合单价	合价	其中：人工费
			本页小计						
			合　　计						

注：按照规费计算要求，须在表中填写人工费；招标人需以书面形式打印综合单价分析表的，请在备注栏内打√。

7. 其他项目计价表

（1）其他项目清单汇总表见表9.0-10。

表 9.0-10　其他项目清单汇总表

工程名称：　　　　　　　　　　　　　　　标段：　　　　　　　　　　　　第 页 共 页

序号	项目名称	金　额/元	结算金额/元	备注
1	暂列金额			填写合计数 （详见暂列金额明细表）
2	暂估价			
2.1	材料（工程设备）暂估价/结算价	—		详见材料及工程设备暂估价表
2.2	专业工程暂估价/结算价			填写合计数 （详见专业工程暂估价表）
3	计日工	—		详见计日工表
4	总承包服务费			填写合计数 （详见总承包服务费计价表）
…	…			
合　计				—
注：材料及工程设备暂估价此处不汇总，材料及工程设备暂估价计入清单项目综合单价。				

（2）暂列金额明细表见表9.0-11。

表 9.0-11　暂列金额明细表

工程名称：　　　　　　　　　　　　　　　标段：　　　　　　　　　　　　第 页 共 页

序号	项目名称	计量单位	暂定金额/元	备注
1				
2				
3				
4				
5				
合　计				
注：此表由招标人填写，在不能详列情况下，可只列暂列金额总额，投标人应将上述暂列金额计入投标总价。				

（3）材料（工程设备）暂估价表见表 9.0-12。

表 9.0-12 材料（工程设备）暂估价表

工程名称：　　　　　　　　　　　　标段：　　　　　　　　　　　　第 页 共 页

序号	项目清单编号	名称	规格型号	单位	数量	拟发包（采购）方式	发包（采购）人	单价/元	合价/元

注：1. 此表由招标人根据清单项目的拟用材料，按照表格要求填写，投标人应将上述材料及工程设备暂估价计入工程量清单综合单价报价中。

　　2. 材料包括原材料、燃料、构配件等。

（4）专业工程暂估价表见表 9.0-13。

表 9.0-13 专业工程暂估价表

工程名称：　　　　　　　　　　　　标段：　　　　　　　　　　　　第 页 共 页

序号	项目名称	拟发包（采购）方式	发包（采购）人	金 额/元
合计				

注：此表由招标人填写，投标人应将上述专业工程暂估价计入投标总价。

（5）计日工表见表 9.0-14。

表 9.0-14 计日工表

工程名称： 标段： 第 页 共 页

编号	项目名称	单位	暂定数量	实际数量	综合单价/元	合价/元	
						暂定	实际
一	人工						
1							
2							
3							
4							
人工小计							
二	材料						
1							
2							
3							
4							
材料小计							
三	施工机械						
1							
2							
3							
4							
施工机械小计							
四	企业管理费和利润						
总计							

注：此表由投标人根据以往工程施工案例及工程实际情况填报，综合单价应考虑企业管理费、利润和规费因素，有特殊要求请在备注栏内说明。

（6）总承包服务费计价表见表 9.0-15。

表 9.0-15 总承包服务费计价表

工程名称： 标段： 第 页 共 页

序号	项目名称	项目价值/元	服务内容	计算基础	费率/%	金额/元
1	发包人发包专业工程					
2	发包人提供材料					
…	…					
合 计		—		—	—	

注：此表由招标人根据项目名称及服务内容填写，供投标人自主报价，计入投标总价。

8. 规费、税金项目清单与计价表

规费、税金项目清单与计价表见表 9.0-16。

表 9.0-16 规费、税金项目清单与计价表

工程名称：　　　　　　　　　　　　　　　标段：　　　　　　　　　　　　第 页 共 页

序号	项目名称	计算基础	计算基数	计算费率/%	金 额/元
1	规费	定额人工费			
1.1	社会保险费	定额人工费			
1.2	住房公积金	定额人工费			
...	...				
2	税金	以分部分项工程费＋措施项目费＋ 其他项目费＋规费之和为基数			
		合 计			

9. 主要人工、材料、机械及工程设备数量与计价一览表

主要人工、材料、机械及工程设备数量与计价一览表见表 9.0-17。

表 9.0-17 主要人工、材料、机械及工程设备数量与计价一览表

工程名称：　　　　　　　　　　　　　　　标段：　　　　　　　　　　　　第 页 共 页

序号	项目编码	人工、材料、机械及 工程设备名称	规格型号	单位	数量	金 额/元	
						单价	合价

注：此表应作为合同附件中计价风险调整合同价款的依据，由投标人填写。

10. 发包人通过公开招标方式确定的材料和工程设备一览表

发包人通过公开招标方式确定的材料和工程设备一览表见表 9.0-18。

表 9.0-18　发包人通过公开招标方式确定的材料和工程设备一览表

工程名称：　　　　　　　　　　标段：　　　　　　　　　　第　页　共　页

序号	材料（工程设备）名称、规格、型号	单位	数量	单价/元	交货方式	送达地点	备注

注：此表由招标人填写，供投标人在投标报价、确定总承包服务费时参考。

三、分部分项工程工程量清单的编制

（一）分部分项工程项目清单的相关概念

（1）分部分项工程。分部工程是单项或单位工程的组成部分，是按结构部位、路段长度及施工特点或施工任务将单项或单位工程划分为若干分部的工程；分项工程是分部工程的组成部分，是按不同施工方法、材料、工序及路线长度等将分部工程划分为若干个分项或项目的工程。

（2）分部分项工程项目清单必须载明项目编码、项目名称、项目特征、计量单位和工程量。

（3）分部分项工程项目清单必须根据相关工程现行国家计量规范规定的项目编码、项目名称、项目特征、计量单位和工程量计算规则进行编制。

（二）项目编码

（1）项目编码（item code）。项目编码是指分部分项工程和措施项目清单名称的阿拉伯数字标识。

（2）工程量清单的项目编码采用十二位阿拉伯数字表示，一至九位应按国家计算规范和上海市补充计算规则的规定设置。十至十二位应根据拟建工程的工程量清单项目名称和项目特征设置，同一招标工程的项目编码不得有重码。

其中，十二位阿拉伯数字共分为五级，一、二、三、四级编码全国统一；第五级编码应根据拟建工程的工程量清单项目名称设置。各级编码代表的含义如下：第一级表示工程分类顺序码（分二位），如房屋建筑与装饰工程为01；第二级表示专业工程顺序码（分二位）；第三级表示分部工程顺序码（分二位）；第四级表示分项工程项目顺序码（分三位）；第五级表示工程量清单项目顺序码（分三位）。

当同一标段（或合同段）的一份工程项目清单中含有多个单位工程且工程项目清单是以单位工程为编制对象时，应特别注意对项目编码十至十二位的设置不得有重号的规定。例如，一个标段（或合同段）的工程项目清单中含有3个单位工程，每一单位工程中都有项目特征相同的实心砖墙砌体，在工程项目清单中又需反映3个不同单位工程的实心砖墙砌体工程量时，则第一个单位工程的实心砖墙的项目编码为010401003001，第二个单位工

程的实心砖墙的项目编码应为 010401003002，第三个单位工程的实心砖墙的项目编码应为 010401003003，并分别列出各单位工程实心砖墙的工程量。

（3）若编制工程量清单时出现国家计算规范和上海市补充计算规则未规定的项目，编制人应做补充，并报上海市工程造价管理部门备案。

1）补充项目的编码由各专业代码（0×）与 B 和三位阿拉伯数字组成，并应从 0×B001 起顺序编制同一招标工程的项目，不得重码，如房屋建筑和装饰工程的第一项补充项目编码为 01B001，以此类推。

2）补充的工程量清单需附有补充的项目名称、项目特征、计量单位、工程量计算规则、工作内容。不能计量的措施项目需附有补充的项目名称、工作内容及包含范围。

（4）上海市补充计算规则中的项目编码应由"沪"和九位编码组成。

（三）项目名称

工程量清单的项目名称应按国家计算规范和上海市补充计算规则的项目名称，结合拟建工程的实际确定。工程量计算规范附录表中的"项目名称"为分项工程项目名称，是形成分部分项工程项目清单项目名称的基础，在编制分部分项工程项目清单时可予以适当调整或细化，例如，"墙面一般抹灰"这一分项工程在形成分部分项工程项目清单项目名称时可以细化为"外墙面抹灰""内墙面抹灰"等。清单项目名称应表达详细、准确。工程量计算规范中的分项工程项目名称如有缺陷，招标人可做补充，并报上海市工程造价管理机构备案。

（四）项目特征

项目特征是指构成分部分项工程项目、措施项目自身价值的本质特征。工程量清单项目特征应按工程量计算规范和上海市补充计算规则规定的项目特征，结合拟建工程项目的实际予以描述。项目特征描述应达到规范、简洁、准确，按拟建工程的实际要求，以满足确定综合单价的需要为前提。对采用标准图集或施工图纸能够全部或部分满足项目特征描述要求的，可采用详见××图集或××图号的方式作为补充说明。

项目特征是对项目的准确描述，是确定一个清单项目综合单价不可缺少的重要依据。在进行项目特征描述时，分为必须描述的内容、可不描述的内容和可不详细描述的内容 3 种情况。

1. 必须描述的内容

（1）涉及正确计量的内容，如门窗洞口尺寸或框外围尺寸。

（2）涉及结构要求的内容，如混凝土构件的混凝土强度等级。

（3）涉及材质要求的内容，如油漆的品种、钢材的材质等。

（4）涉及安装方式的内容，如管道工程中钢管的连接方式。

2. 可不描述的内容

（1）对计量计价没有实质影响的内容。

（2）应由投标人根据施工方案确定的内容。

（3）应由施工措施解决的内容。

3. 可不详细描述的内容

无法准确描述的内容，如土壤类别，可考虑将土壤类别描述为由投标人根据地勘资料自行确定土壤类别，决定报价；施工图纸、标准图集标注明确的，对这些项目可描述为见××图集××页及节点大样等；清单编制人在项目特征描述中应注明由投标人自定的项目，如土方工程中的"取土运距""弃土运距"等。

总之，清单项目特征的描述应根据规范附录中有关项目特征的要求，结合技术规范标准图集、施工图纸，按照工程结构使用材质及规格或安装位置等，予以详细而准确地表述和说明。凡是体现项目本质区别的特征和对报价有实质影响的内容都必须描述，这一点是无可置疑的。可以说，离开了清单项目特征的准确描述，清单项目就将没有生命力。

（五）计量单位

工程量清单的计量单位应按工程量计算规范和上海市补充计算规则中规定的计量单位确定。计量单位应采用基本单位，除各专业另有特殊规定外均按以下单位计量：

（1）以质量计算的项目——吨或千克（t 或 kg），其中以"t"为单位，应保留小数点后三位数字，第四位小数四舍五入；以"kg"为单位，应保留小数点后两位数字，第三位小数四舍五入。

（2）以体积计算的项目——立方米（m^3），应保留小数点后两位数字，第三位小数四舍五入。

（3）以面积计算的项目——平方米（m^2），应保留小数点后两位数字，第三位小数四舍五入。

（4）以长度计算的项目——米（m），应保留小数点后两位数字，第三位小数四舍五入。

（5）以自然计量单位计算的项目——个、套、块、樘、组、台……应取整数。

（6）没有具体数量的项目——宗、项……应取整数。

各专业有特殊计量单位的，另外加以说明。当计量单位有两个或两个以上时，应根据所编工程量清单项目的特征要求，选择最适宜表现该项目特征并方便计量的单位。在同一个建设项目（或标段、合同段）中，有多个单位工程的相同项目计量单位必须保持一致。如 010506001 直形楼梯，其工程量计量单位可以为"m^3"也可以是"m^2"；由于工程量计算手段的进步，对于混凝土楼梯其体积也是很容易计算的，在工程量计算规范中增加了以"m"为单位计算，可以根据实际情况进行选择，但一旦选定必须保持一致。

（六）工程量

工程量清单中所列工程量应按工程量计算规范［《房屋建筑与装饰工程工程量计算规范》（GB 50854—2013）等］和上海市补充计算规则中规定的工程量计算规则计算。工程量主要通过工程量计算规则计算得到，工程量计算规则是指对清单项目工程量的计算规定。除另有说明外，所有清单项目的工程量应以实体工程量为准，并以完成后的净值计算；投标人投标报价时，应在单价中考虑施工中的各种损耗和需要增加的工程量。

（七）工程量计算的方法

工程量计算是指建设工程项目以工程设计图纸、施工组织设计或施工方案及有关技术经济文件为依据，按照相关工程国家标准规定的计算规则、计量单位等规定，进行的工程量计算活动，在工程建设中简称工程计量。

1. 工程量计算的原则

（1）列项要正确，严格按照规范规定的工程量计算规则计算工程量，避免错算。

（2）工程量计算单位必须与工程量计算规范中规定的计量单位相一致。

（3）计算口径要一致，根据施工图列出的工程量清单项目的口径必须与工程量计算规范中相应清单项目的口径相一致。

（4）按图纸结合建筑物的具体情况进行计算。要结合施工图纸尽量做到结构按楼层、内装修按楼层分房间、外装修按施工层分立面计算，或按施工方案的要求分段计算，或按使用的材料不同分别进行计算。这样，在计算工程量时既可避免漏项，又可为安排施工进度和编制资源计划提供数据。

（5）工程量计算精度要统一，要满足规范要求。

2. 工程量计算的顺序

为了避免漏算或重算，提高计算的准确程度，工程量的计算应按照一定的顺序进行。具体的计算顺序应根据具体工程和个人的习惯来确定，一般有以下几种顺序：

（1）单位工程工程量的计算顺序。单位工程工程量的计算顺序一般按工程量计算规范清单列项顺序计算，即按照计价规范中的分章或分部分项工程顺序来计算工程量。

（2）单个分部分项工程工程量的计算顺序。

1）顺时针方向计算法，即先从平面图的左上角开始自左至右，然后由上而下，最后转回到左上角为止，这样按顺时针方向转圈依次进行计算。例如，计算外墙、地面、顶棚等分部分项工程量，都可以按照此顺序进行。

2）"先横后竖、先上后下、先左后右"计算法，即在平面图上从左上角开始，按"先横后竖、先上后下，先左后右"的顺序计算。例如，房屋的条形基础土方、砖石基础、砖墙砌筑、门窗过梁、墙面抹灰等分部分项工程，均可按这种顺序计算工程量。

3）图纸分项编号顺序计算法，即按照图纸上所标注的结构构件、配件的编号顺序进行计算。例如，计算混凝土构件、门窗、屋架等分部分项工程量，均可以按照此顺序进行。

按一定顺序计算工程量的目的是防止漏项少算或重复多算的现象发生。只要能实现这一目的，采用哪种顺序方法计算都可以。

四、措施项目清单的编制

措施项目清单必须根据相关工程现行国家计量规范和上海市补充计算规则的规定编制。措施项目清单应根据拟建工程的实际情况列项，措施项目清单包括总价措施项目清单和单价措施项目清单。

1. 总价措施项目

总价措施项目费通常被称为"施工组织措施费"，是指措施项目中不能计量的且以清单形式列出的项目费用。其主要包括安全文明施工费（环境保护费、文明施工费、安全施工费、临时设施费）、夜间施工增加费、非夜间施工增加费、二次搬运费、冬雨（风）期施工增加费，以及地上、地下设施、建筑物的临时保护设施费，已完工程及设备保护费等。其中，安全文明施工费是指在合同履行过程中，承包人按照国家法律、法规、标准等规定，为保证安全施工、文明施工，保护现场内外环境和搭拆临时设施等所采用的措施而发生的费用。并且，强制性规定安全文明施工费必须按国家或省级、行业建设主管部门的规定计算，不得作为竞争性费用。

总价措施项目列出项目编码、项目名称，未列出项目特征、计量单位和工程量计算规则等项目。编制工程量清单时，应按规范中措施项目规定的项目编码、项目名称确定，一般可以"项"为单位确定工作内容及相关金额。

2. 单价措施项目

单价措施项目费通常被称为"施工技术措施费"，是指措施项目中能计量且以清单形式列出的项目费用。单价措施项目在工程量计算规范中列出了项目编码、项目名称、项目特征、计量单位、工程量计算规则等内容。编制工程量清单时，与分部分项工程项目的相关规定一致。主要包括脚手架工程费、混凝土模板及支架（撑）费、垂直运输费、超高施工增加费、大型机械设备进出场及安拆费，以及施工排水、降水费等。

五、其他项目清单的编制

其他项目清单是指分部分项工程项目清单、措施项目清单所包含的内容以外，因招标人的特殊要求而发生的、与拟建工程有关的其他费用项目和相应数量的清单。工程建设标准的高低、工程的复杂程度、工程的工期长短、工程的组成内容、发包人对工程管理的要求等都直接影响其他项目清单的具体内容。其他项目清单包括暂列金额、暂估价（包括材料暂估单价、工程设备暂估单价、专业工程暂估价）、计日工、总承包服务费等。编制招标工程量清单时，应汇总"暂列金额"和"专业工程暂估价"，以提供给投标人报价。

（一）暂列金额

暂列金额应包含与其对应的管理费、利润和规费，但不含税金。应根据工程特点按有关计价规定估算，一般不超过分部分项工程费和措施项目费之和的15%。在实际履约过程中可能发生，也可能不发生。暂列金额表要求招标人能将暂列金额与拟用项目列出明细，但如确实不能详列也可只列暂定金额总额，投标人应将上述暂列金额计入投标总价。虽然包含在投标总价中（所以也将包含在中标人的合同总价中），但并不属于承包人所有和支配，是否属于承包人所有则受合同约定的开支程序制约。

（二）暂估价

暂估价是在招标阶段预见肯定要发生，只是因为标准不明确或者需要由专业承包人完成，暂时无法确定材料、工程设备的具体价格而采用的一种临时性计价方式。

1. 材料及工程设备暂估价

暂估价中的材料、工程设备暂估单价应根据工程造价信息或参照市场价格估算，列出明细表。其中，材料和工程设备暂估价是此类材料、工程设备本身运至施工现场内的工地地面价。

2. 专业工程暂估价

专业工程暂估价应在表内填写项目名称、拟发包（采购）方式、发包（采购）人、金额计入投标总价。专业工程暂估价项目应分不同专业，按有关计价规定估算，列出明细表。暂估价按上海市建设行政管理部门的规定执行，专业工程暂估价应包含与其对应的管理费、利润和规费，但不含税金。

（三）计日工

计日工是在施工过程中，承包人完成发包人提出的工程合同范围以外的零星项目或工作，按合同中约定的单价计价的一种方式。计日工是为了解决现场发生的零星工作的计价而设立的。计日工应列出项目名称、计量单位和暂估数量。其中，计日工种类和暂估数量应尽可能贴近实际，计日工综合单价均不包括规费和税金，应当注意的问题如下：

（1）劳务单价应包括工人工资、交通费用、各种补贴、劳动安全保护、个人应缴纳的社保费用、手提手动和电动工器具、施工场地内已经搭设的脚手架、水电和低值易耗品费用、现场管理费用、企业管理费和利润。

（2）材料价格包括材料运到现场的价格，以及现场搬运、仓储、二次搬运、损耗、保险、企业管理费和利润。

（3）施工机械限于在施工场地（现场）的机械设备，其价格包括租赁或折旧、维修、维护和燃油等消耗品以及操作人员费用，包括承包人企业管理费和利润。

（4）辅助人员按劳务价格另计。

（四）总承包服务费

总承包服务费是指总承包人为配合协调发包人进行的专业工程发包，对发包人自行采购的材料、工程设备等进行保管，以及施工现场管理、竣工资料汇总整理等服务所需的费用。

总承包服务费应列出服务项目及其内容等。费率可参考以下标准：

（1）招标人仅要求对分包的专业工程进行总承包管理和协调时，按分包的专业工程估算造价的1.5%计算。

（2）招标人要求对分包的专业工程进行总承包管理和协调，并同时要求提供配合服务时，根据招标文件列出的配合服务内容和提出的要求，按分包的专业工程估算造价的3%～5%计算。

(3) 招标人自行供应材料的，按招标人供应材料价值的1%计算。

六、规费项目清单的编制

规费是根据国家法律、法规规定，由省级政府或省级有关权力部门规定施工企业必须缴纳的，应计入建筑安装工程造价的费用。

规费项目清单应包括下列内容：

(1) 社会保险费，包括养老保险费、失业保险费、医疗保险费、工伤保险费、生育保险费。

(2) 住房公积金。

说明：出现上述未列的项目，应根据上海市建设行政管理部门的规定列项。

七、税金项目清单的编制

税金是指国家税法规定的应计入建筑安装工程造价内的增值税。

税金项目清单主要是指增值税，具体计税方式根据上海市相关规定进行计取，当前增值税一般计税税率为9%。

八、封面及总说明的编制

1. 封面的编制

工程量清单封面按《建设工程工程量清单计价规范》（GB 50500—2013）的规定填写，招标人及法定代表人应盖章，造价咨询人应盖单位资质章及法人代表章，编制人应盖造价人员资质章并签字，复核人应盖注册造价师资格章并签字。

2. 总说明的编制

(1) 工程概况。工程概况中要对建设规模、工程特征、计划工期、施工现场实际情况、自然地理条件、环境保护要求等做出描述。其中，建设规模是指建筑面积；工程特征应说明基础及结构类型、建筑层数、高度、门窗类型及各部位装饰、装修做法；计划工期是指按工期定额计算的施工天数；施工现场实际情况是指施工场地的地表状况；自然地理条件是指建筑场地所处地理位置的气候及交通运输条件；环境保护要求是针对施工噪声及材料运输可能对周围环境造成的影响和污染，提出的防护要求。

(2) 工程招标及分包范围。招标范围是指单位工程的招标范围，如建筑工程招标范围为"房屋建筑与装饰工程"等。工程分包是指特殊工程项目的分包，如招标人自行采购安装"铝合金门窗"等。

(3) 工程量清单编制依据。包括招标文件、建设工程工程量清单计价规范、施工设计图（包括配套的标准图集）文件、施工组织设计等。

(4) 工程质量、材料、施工等的特殊要求。工程质量的要求，是指招标人要求拟建工程的质量应达到合格或优良标准；对材料的要求，是指招标人根据工程的重要性、使用功能及装饰装修标准提出，诸如对水泥的品牌、钢材的生产厂家、大理石（花岗石）的出产地、品牌等的要求；施工要求，一般是指建设项目中对单项工程的施工顺序等的要求。

(5) 其他。工程中如果有部分材料由招标人自行采购，应将所采购材料的名称、规格型号、数量予以说明。应说明暂列金额及自行采购材料的金额及其他需要说明的事项。

九、附件

工程招标投标完整案例

计量计价规范

任务一 明确招标范围，熟悉工程图纸，明确任务分工

一、任务书内容

（1）明确招标范围。

（2）认真查阅图纸，审核图纸内容是否有误。

（3）整理计算思路，明确各自分工。

二、过程指导

（1）了解招标要求，明确招标范围。

通过与招标人沟通，明确招标的要求及招标的范围，做好筹划工作。

（2）认真查阅图纸，审核图纸内容是否有误。

拿到设计图后，先对照目录，查看图纸是否齐全，然后看图纸设计说明，了解工程概况、相关规定和具体要求，进一步审核建筑图与结构图是否一致，图纸是否有明显错误等。如果有误，将意见整理提交给招标人，便于设计单位沟通答复。

（3）整理计算思路，明确各自分工。

根据工程图纸实际情况，考虑先地上后地下，先结构后建筑的计算思路，对小组成员进行合理分工。

三、填报表格

完成工作计划安排表（表 9.1-1）、工作完成情况表（表 9.1-2）内容的填写。

四、提交成果文件

团队成员分工一览表一份（表 9.1-3）。

团队成员分工一览表

表 9.1-1　（＿＿＿＿＿＿＿公司）工作计划安排表

招标阶段：项目九　工程量清单编制

任务一　明确招标范围，熟悉工程图纸，明确任务分工				
序号	计划完成内容	计划完成时间	任务分配	备注
1	明确招标范围			
2	熟悉工程图纸			
3	明确任务分工			

审核人：＿＿＿＿＿＿＿＿　　　　审核日期：＿＿＿＿＿＿＿＿

表 9.1-2　（＿＿＿＿＿＿公司）工作完成情况表

招标阶段：项目九　工程量清单编制

任务一　明确招标范围，熟悉工程图纸，明确任务分工

序号	具体完成工作内容	计划完成时间	实际完成时间	存在问题及原因分析	完成人
1	明确招标范围				
2	熟悉工程图纸				
3	明确任务分工				

审核人：＿＿＿＿＿＿　　　审核日期：＿＿＿＿＿＿

表 9.1-3　团队成员分工一览表

序号	学号	姓名	角色分工	备注

任务二　手算、机算相结合，计算清单工程量

一、任务书内容

（1）根据图纸内容，用广联达计量软件进行建模。

（2）根据图纸内容，选取典型构件进行手工计算清单工程量。

（3）手算量与机算量相对比，找出差距并了解计算原理。

（4）导出清单工程量计算表。

二、过程指导

（1）通过软件建模，计算清单工程量。

1）熟悉图纸。

2）在广联达BIM土建计量软件中进行建模，计算清单工程量。

3）导出清单工程量计算报表。

（2）选取典型构件，手工计算清单工程量。

1）选取结构图纸中梁、板、柱、梯、墙等典型构件各两个，手算典型构件的混凝土清单工程量、钢筋清单工程量。

2）选取建筑图中地面、楼面、墙面、顶棚、屋面等典型构件，手算清单工程量。

3）将手算项目与机算项目进行对比，找出差距，分析原因，掌握算量原理。

三、填报表格

完成工作计划安排表（表9.2-1）、工作完成情况表（表9.2-2）内容的填写。

四、提交成果文件

（1）广联达计量软件模型一份。

（2）手算典型构件手稿一份。

（3）导出清单工程量报表一份。

表 9.2-1 (_____公司) 工作计划安排表

招标阶段：项目九 工程量清单编制

任务二 手算、机算相结合，计算清单工程量				
序号	计划完成内容	计划完成时间	任务分配	备注
1	计量软件建模，导出清单工程量报表			
2	手算典型构件			
3	手算与机算对比找出差距，说明原因			

审核人：_____   审核日期：_____

表 9.2-2 （＿＿＿＿＿公司）**工作完成情况表**

招标阶段：项目九 工程量清单编制

任务二 手算、机算相结合，计算清单工程量					
序号	具体完成工作内容	计划完成时间	实际完成时间	存在问题及原因分析	完成人
1	计量软件建模，导出清单工程量报表				
2	手算典型构件				
3	手算与机算对比找出差距，说明原因				

审核人：＿＿＿＿＿ 　　审核日期：＿＿＿＿＿

任务三　编制分部分项工程项目清单和措施项目清单

一、任务书内容

（1）编制分部分项工程项目清单。

（2）编制措施项目清单。

二、过程指导

（1）编制分部分项工程项目清单。

1）在广联达兴安得力云计价软件中进行分部分项工程项目清单编制。根据计量软件中导出的工程量和图纸进行列项，编写分部分项工程项目清单项目编码、项目名称、项目特征、计量单位、清单工程量。

2）参照表 9.3-1 将手算项目填写在分部分项工程和单价措施项目清单与计价表（表 9.0.4）中。

表 9.3-1　分部分项工程项目清单与计价表

工程名称：　　　　　　　　　　　　　标段：　　　　　　　　　　第　页　共　页

序号	项目编码	项目名称	项目特征	计量单位	工程量	金　额/元		
						综合单价	合价	其中：暂估价
1	010401003001	实心主体砖墙	1. 砖品种、规格、强度等级：页岩标砖 MU10　240×115×53　2. 砂浆强度等级、配合比：M7.5 混合砂浆	m³	16.97			
2	010501001001	砖基垫层	1. 混凝土种类：现场搅拌　2. 混凝土强度等级：C10	m³	6.89			
3	010501001002	地面垫层	1. 混凝土种类：现场搅拌　2. 混凝土强度等级：C10	m³	3.20			
4	010503005001	现浇混凝土过梁	1. 混凝土类别：现场搅拌　2. 混凝土强度等级：C20	m³	0.12			
5	010505003001	现浇混凝土平板	1. 混凝土类别：现场搅拌　2. 混凝土强度等级：C25	m³	4.01			
6	010515001002	现浇构件钢筋（Φ10以上）	钢筋种类、规格：HPB300级 Φ12	t	0.160			

注：按照规费计算要求，须在表中填写人工费；招标人需以书面形式打印综合单价分析表的，请在备注栏内打√。

（2）编制措施项目清单。

1）在广联达兴安得力云计价软件中列项，根据图纸内容编写单价措施项目清单和总价措施项目清单。

2）结合工程实际情况，参照表9.3-2～表9.3-4，手工填写完成安全防护、文明施工清单与计价明细表（表9.0-7）、其他措施项目清单与计价表（表9.0-8）、单价措施项目清单与计价表（表9.0-9）。

3）对比理解其他措施项目清单、单价措施项目清单、不可竞争性的措施项目清单（安全防护、文明施工与计价明细表）。

表 9.3-2 安全防护、文明施工清单与计价明细表

工程名称：　　　　　　　　　　　　　　标段：　　　　　　　　　　　第　页　共　页

序号	项目编码	名称	计量单位	项目名称	工程内容及包含范围	金额/元
1.1	011707001001	环境保护	项	粉尘控制		
1.2	011707001002			噪声控制		
1.3	011707001003			有毒有害气味控制		
2.1	011707001004	文明施工	项	安全警示标志牌		
2.2	011707001005			现场围挡		
2.3	011707001006			各类图板		
2.4	011707001007			企业标志		
2.5	011707001008			场容场貌		
2.6	011707001009			材料堆放		
2.7	011707001010			现场防火		
2.8	011707001011			垃圾清运		
3.1	011707001012	临时设施	项	现场办公设施		
3.2	011707001013			现场宿舍设施		
3.3	011707001014			现场食堂生活设施		
3.4	011707001015			现场厕所、浴室、开水房等设施		
3.5	011707001016			水泥仓库		
3.6	011707001017			木工棚、钢筋棚		
3.7	011707001018			其他库房		
3.8	011707001019			配电线路		
3.9	011707001020			配电箱开关箱		
3.10	011707001021			接地保护装置		
3.11	011707001022			供水管线		
3.12	011707001023			排水管线		
3.13	011707001024			沉淀池		
3.14	011707001025			临时道路		
3.15	011707001026			硬地坪		

续表

序号	项目编码	名称	计量单位	项目名称	工程内容及包含范围	金额/元
4.1	011707001027	安全施工	项	楼板、屋面、阳台等临时防护		
4.2	011707001028			通道口防护		
4.3	011707001029			预留洞口防护		
4.4	011707001030			电梯井口防护		
4.5	011707001031			楼梯边防护		
4.6	011707001032			垂直方向交叉作业防护		
4.7	011707001033			高空作业防护		
4.8	011707001034			操作平台交叉作业		
4.9	011707001035			作业人员应具备的必要的安全帽、安全带等安全防护用品		
合　计						

表 9.3-3　其他措施项目清单与计价表

工程名称：　　　　　　　　　　　标段：　　　　　　　　　第 页 共 页

序号	项目编码	项目名称	工作内容、说明及包含范围	金额/元
1	011707002	夜间施工费		
2	011707003	非夜间施工照明费		
3	011707004	二次搬运费		
4	011707005	冬雨期施工		
5	011707006	地上、地下设施、建筑物的临时保护设施		
6	011707007	已完工程及设备保护		
...	...			
合　计				

注：1. 最高投标限价根据工程造价管理部门的有关规定编制。

　　2. 投标报价根据拟建工程实际情况报价。

　　3. 措施项目费用应考虑企业管理费、利润和规费因素。

表 9.3-4　单价措施项目清单与计价表

工程名称：　　　　　　　　　　　　标段：　　　　　　　　　　　　　　第 页 共 页

序号	项目编码	项目名称	项目特征描述	工程内容	计量单位	工程量	金　额/元		
							综合单价	合价	其中：人工费
1	011701001001	综合脚手架	1. 建筑结构形式：砖混结构　2. 檐口高度：3.05 m	1. 场内、场外材料搬运；　2. 搭、拆脚手架、斜道、上料平台；　3. 安全网的铺设；　4. 选择附墙点与主体连接；　5. 测试电动装置、安全锁；　6. 拆除脚手架后材料的堆放	m²	40.92			
2	011703001001	垂直运输机械	1. 建筑物建筑类型及结构形式：房屋建筑、砖混结构　2. 建筑物檐口高度、层数：3.05 m、一层	1. 垂直运输机械的固定装置、基础制作、安装；　2. 行走式垂直运输机械轨道的铺设、拆除、摊销	m²	40.92			
本页小计									
合　计									

注：按照规费计算要求，须在表中填写人工费；招标人需以书面形式打印综合单价分析表的，请在备注栏内打√。

三、填报表格

根据工程案例实际情况完成分部分项工程项目清单与计价表（表 9.0-4），安全防护、文明施工清单与计价明细表（表 9.0-7），其他措施项目清单与计价表（表 9.0-8），单价措施项目清单与计价表（表 9.0-9），工程计划安排表（表 9.3-5），工作完成情况表（表 9.3-6）内容的填写。

四、提交成果文件

（1）提交分部分项工程项目清单与计价表（表 9.0-4）一份。

（2）提交安全防护、文明施工清单与计价明细表（表 9.0-7）一份。

（3）提交其他措施项目清单与计价表（表 9.0-8）一份。

（4）提交单价措施项目清单与计价表（表 9.0-9）一份。

表 9.3-5 （_____公司）**工作计划安排表**

招标阶段：项目九 工程量清单编制

任务三 编制分部分项工程项目清单和措施项目清单				
序号	计划完成内容	计划完成时间	任务分配	备注
1	计价软件编制分部分项工程项目清单			
2	手工填写分部分项工程项目清单			
3	计价软件编制措施项目清单			
4	手工填写措施项目清单			

审核人：_____ 审核日期：_____

表 9.3-6 （＿＿＿＿＿＿公司）**工作完成情况表**

招标阶段：项目九 工程量清单编制

任务三 编制分部分项工程项目清单和措施项目清单					
序号	具体完成工作内容	计划完成时间	实际完成时间	存在问题及原因分析	完成人
1	计价软件编制分部分项工程项目清单				
2	手工填写分部分项工程项目清单				
3	计价软件编制措施项目清单				
4	手工填写措施项目清单				

审核人：＿＿＿＿＿＿ 审核日期：＿＿＿＿＿＿

任务四 编制其他项目清单、规费和税金项目清单

一、任务书内容

（1）编制其他项目清单。

（2）编制规费和税金项目清单。

二、过程指导

（1）其他项目清单。其他项目清单包括暂列金额、暂估价、计日工、总承包服务费。在计价软件中按照各项费用的计取标准进行编制。

1）暂列金额。根据实际工程情况进行确定，一般情况下按照分部分项工程费和措施项目费之和的 10%～15% 计取。在实际履约过程中可能发生，也可能不发生。

2）暂估价。暂估价是在招标阶段预见肯定要发生，只是因为标准不明确或者需要由专业承包人完成，暂时无法确定材料、工程设备的具体价格而采用的一种临时性计价方式。有材料及工程设备暂估价和专业工程暂估价。

3）计日工。计日工应列出项目名称、计量单位和暂估数量。其数量应尽可能贴近实际。

4）总承包服务费。总承包服务费应列出服务项目及其内容等，费率可参考以下标准：招标人仅要求对分包的专业工程进行总承包管理和协调时，按分包的专业工程估算造价的 1.5% 计算；招标人要求对分包的专业工程进行总承包管理和协调，并同时要求提供配合服务时，根据招标文件列出的配合服务内容和提出的要求，按分包的专业工程估算造价的 3%～5% 计算；招标人自行供应材料的，按招标人供应材料价值的 1% 计算。

（2）规费项目清单的编制。规费项目清单包括：社会保险费（包括养老保险费、失业保险费、医疗保险费、工伤保险费、生育保险费）和住房公积金。在编制规费项目清单时，只需列明项目即可。

（3）税金项目清单的编制。税金是指国家税法规定的应计入建筑安装工程造价内的增值税。税金项目清单主要是指增值税，具体计税方式根据工程所在地相关规定进行计取，当前增值税一般计税税率为 9%。在编制税金项目清单时，只需列明项目即可。

三、填报表格

完成工作计划安排表（表 9.4-1）、工作完成情况表（表 9.4-2）内容的填写。

表 9.4-1　（＿＿＿＿＿＿公司）工作计划安排表

招标阶段：项目九　工程量清单编制

任务四　编制其他项目清单、规费和税金项目清单				
序号	计划完成内容	计划完成时间	任务分配	备注
1	软件中完成其他项目清单编制			
2	软件中完成规费、税金项目清单编制			
	审核人：＿＿＿＿＿＿　　　审核日期：＿＿＿＿＿＿			

表 9.4-2 (＿＿＿＿＿公司）工作完成情况表

招标阶段：项目九　工程量清单编制

任务四　编制其他项目清单、规费和税金项目清单					
序号	具体完成工作内容	计划完成时间	实际完成时间	存在问题及原因分析	完成人
1	软件中完成其他项目清单的编制				
2	软件中完成规费、税金项目清单编制				

审核人：＿＿＿＿＿　　　审核日期：＿＿＿＿＿

任务五 整理资料、编制说明、打印工程量清单

一、任务书内容

（1）编制总说明。

（2）整理清单、核对清单工程量。

（3）从计价软件中导出招标工程量清单。

二、过程指导

（1）总说明的编制。总说明中包括工程概况，工程招标及分包范围，工程量清单编制依据，工程质量、材料、施工等的特殊要求及其他内容。可以参考表 9.5-1 所描述的总说明进行编写。

表 9.5-1 总说明

一、工程概况
本工程为一层房屋建筑，檐高为 3.05 m，建筑面积为 40.92 m²，砖混结构，室外地坪标高为 −0.15 m，其地面、天棚、内外装饰装修工程做法详见施工图及设计说明。
二、工程招标和分包范围
1. 工程招标范围：施工图范围内的建筑工程、装饰装修工程，详见工程量清单。
2. 分包范围：无分包工程。
三、清单编制依据
1.《建设工程工程量清单计价规范》（GB 50500—2013）、《房屋建筑与装饰工程工程量计算规范》（GB 50854—2013）及解释和勘误。
2. 本工程的施工图。
3. 与本工程有关的标准（包括标准图集）、规范、技术资料。
4. 招标文件、补充通知。
5. 其他有关文件、资料。
四、其他说明事项
1. 一般说明
（1）施工现场情况：以现场踏勘情况为准。
（2）交通运输情况：以现场踏勘情况为准。
（3）自然地理条件：本工程位于某市某县。
（4）环境保护要求：满足省、市及当地政府对环境保护的相关要求和规定。
（5）本工程投标报价按《建设工程工程量清单计价规范》（GB 50500—2013）、《房屋建筑与装饰工程工程量计算规范》（GB 50854—2013）的规定及要求，使用表格及格式按《建设工程工程量清单计价规范》（GB 50500—2013）要求执行，有更正的以勘误和解释为准。
（6）工程量清单中每一个项目，都需填入综合单价及合价，对于没有填入综合单价及合价的项目，不同单项及单位工程中的分部分项工程量清单中相同项目（项目特征及工作内容相同）的报价应统一，如有差异，按最低报价进行结算。

续表

（7）《承包人提供材料和工程设备一览表》中的材料价格应与综合单价及《综合单价分析表》中的材料价格一致。

（8）本工程量清单中的分部分项工程量及措施项目工程量均是根据本工程施工图，按照《房屋建筑与装饰工程工程量计算规范》（GB 50854—2013）的规定进行计算的，仅作为施工企业投标报价的共同基础，不能作为最终结算与支付价款的依据，工程量的变化调整以业主与承包商签字的合同约定为准，或按《建设工程工程量清单计价规范》（GB 50500—2013）有关规定执行。

（9）工程量清单及其计价格式中的任何内容不得随意删除或涂改，若有错误，在招标答疑时及时提出，以"补遗"资料为准。

（10）分部分项工程量清单中对工程项目的项目特征及具体做法只做重点描述，详细情况见施工图设计、技术说明及相关标准图集。组价应结合投标人现场勘察情况确定，包括完成所有工序工作内容的全部费用。

（11）投标人应充分考虑施工现场周边的实际情况对施工的影响，编制施工方案，并做出报价。

（12）暂列金额为 3 340.05 元。

（13）本说明未尽事项，以计价规范、工程量计算规范、计价管理办法、招标文件及有关的法律、法规、住房和城乡建设主管部门颁发的文件为准。

2. 有关专业技术说明

（1）本工程使用普通混凝土，现场搅拌。

（2）本工程现浇混凝土及钢筋混凝土模板及支架（撑）不单列，按混凝土及钢筋混凝土实体项目执行，综合单价中应包括模板及支架。

（3）本工程挖基础土方清单工程量含工作面和放坡增加的工程量。按《房屋建筑与装饰工程工程量计算规范》（GB 50854—2013）的规定计算；办理结算时以批准的施工组织设计规定的工作面和放坡为准，按实计算工程量。

（2）检查核对清单工程量。

1）进一步核对分部分项工程项目清单和措施项目清单的内容，查看项目编码是否完整，项目名称是否贴切，项目特征描述是否完善，能否达到报价要求，清单子目有否重复或漏项。

2）其他项目清单是否已按照招标要求进行列项。

3）总说明填写内容是否完整。

（3）从计价软件中导出完整的招标工程量清单。

三、填报表格

完成工作计划安排表（表9.5-2）、工作完成情况表（表9.5-3）内容的填写。

四、提交成果文件

（1）计价软件文档一份。

（2）电子版招标工程量清单一份。

（3）纸质版招标工程量清单一份。

表 9.5-2 (_____公司）工作计划安排表

招标阶段：项目九 工程量清单编制

任务五 整理资料、编制说明、打印工程量清单				
序号	计划完成内容	计划完成时间	任务分配	备注
1	整理汇总资料			
2	检查工程量清单内容			
3	编写编制总说明			
4	打印、装订招标工程量清单			

审核人：_____ 　　　审核日期：_____

表 9.5-3 （＿＿＿＿＿＿公司）工作完成情况表

招标阶段：项目九 工程量清单编制

任务五 整理资料、编制说明、打印工程量清单					
序号	具体完成工作内容	计划完成时间	实际完成时间	存在问题及原因分析	完成人
1	整理汇总资料				
2	检查工程量清单内容				
3	编写编制总说明				
4	打印、装订招标工程量清单				

审核人：＿＿＿＿＿＿ 审核日期：＿＿＿＿＿＿

实 训 评 价

　　根据列出的评价标准及分值，对工程量清单编制要检查的内容进行评价，判断是否完成任务书所要求的内容，是否达到综合实训的目标。

　　评价方式采取过程评价和结果评价两种，评价方法采取老师评价和小组内部成员互相评价相结合。过程评价和结果评价综合得分为学生的此工作任务得分。

　　在工作任务实施前，要事先确定好两个比重：一是任务过程评分和任务成果评分占总得分的比重；二是老师评分和小组评分占总得分的比重。

　　根据各自的身份，完成任务过程评价表（表 9.6-1）、任务成果评价表（表 9.6-2）、任务总体评价表（表 9.6-3）对应评价得分的填写。

表 9.6-1 (_____公司）任务过程评价表

招标阶段：项目九 工程量清单编制

被考核人	任务过程评价得分			
检查内容	个人自评得分 （20分）	小组评价得分 （40分）	教师评价得分 （40分）	综合得分 （100分）
1. 分工合理（20%）				
2. 角色扮演（20%）				
3. 全员参与（20%）				
4. 团队协作（20%）				
5. 工作态度（20%）				
合　　计				
评价人签名				

表 9.6-2　（_____公司）任务成果评价表

招标阶段：项目九　工程量清单编制

被考核人					任务成果评价得分				
检查内容	教师评价得分（40 分）				小组评价得分（60 分）				综合得分（100 分）
	良好	一般	合格	不合格	良好	一般	合格	不合格	
表 9.1-1									
表 9.1-2									
人员分工表									
表 9.2-1									
表 9.2-2									
手算底稿									
表 9.3-5									
表 9.3-6									
手工填写分部分项工程项目清单、措施项目清单									
表 9.4-1									
表 9.4-2									
表 9.5-2									
表 9.5-3									
招标工程量清单									
合　计									
评价人签名									

表 9.6-3　（_____公司 ）**任务总体评价表**

招标阶段：项目九　工程量清单编制

被考核人		项目九：总得分	
实践项目九		工程量清单编制	
		权重前得分	权重后得分
任务过程评价（60%）			
任务成果评价（40%）			
得分汇总确认签名			
实践与反思			

项目十

招标控制价

实训目标

1. 能计算综合单价。
2. 能计算分部分项工程项目费和措施项目费。
3. 能计算其他项目费、规费和税金。
4. 能用广联达计量软件进行投标报价。
5. 能编制投标报价文件总说明，整理清单计价文件。

实训任务

任务一 综合单价计算
任务二 计算分部分项工程项目费及措施项目费
任务三 计算其他项目费、规费和税金
任务四 整理资料、编制说明、打印招标控制价文件

背景资料

相关知识要点：（具体取费程序及计价要求以上海市为例）

根据上海市住房和城乡建设管理委员会发布的《上海市建设工程施工费用计算规则》（SHT0—33—2016），建设工程施工费用计算顺序见表 10.0-1。

表 10.0-1　建设工程施工费用计算顺序

序号	项目	计算式	备注
一	直接费	按定额子目规定计算	包括说明
其中	人工费	定额工日消耗量×约定单价	
	材料费	定额材料消耗量×约定单价	不包含增值税可抵扣进项税额
	施工机具使用费	定额台班消耗量×约定单价	不包含增值税可抵扣进项税额
二	企业管理费和利润	∑人工费×约定费率	不包含增值税可抵扣进项税额

续表

序号	项目		计算式	备注
三	措施费	安全防护、文明施工措施费	（直接费＋企业管理费和利润）×约定费率	不包含增值税可抵扣进项税额
		施工措施费	报价方式计取	由双方合同约定，不包含增值税可抵扣进项税额
四	人工、材料、施工机具差价		结算期信息价－〔中标期信息价×（1＋风险系数）〕	由双方合同约定，材料、施工机具使用费中不含增值税可抵扣进项税额
五	规费	社会保险费	按国家规定计取	
		住房公积金	按国家规定计取	
六	小计		一＋二＋三＋四＋五	
七	增值税		六×增值税税率	按国家规定计取
八	工程造价合计		六＋七	

一、最高投标限价（招标控制价）

《建设工程工程量清单计价规范》（GB 50500—2013）中规定招标控制价即最高投标限价，其内涵及作用一致。招标控制价是指根据国家或省级住房和城乡建设主管部门颁发的有关计价依据和办法，依据拟订的招标文件和招标工程量清单，结合工程具体情况发布的招标工程的最高投标报价。

根据住房和城乡建设部颁布的《建筑工程施工发包与承包计价管理办法》（住建部令第16号）的规定，国有资金投资的建筑工程招标的，应当设有最高投标限价；非国有资金投资的建筑工程招标的，可以设有最高投标限价或者招标标底。最高投标限价及其成果文件，应当由招标人报工程所在地县级以上地方人民政府住房和城乡建设主管部门备案。

根据《中华人民共和国招标投标法实施条例》第二十七条规定：招标人可以自行决定是否编制标底。一个招标项目只能有一个标底。标底必须保密。接受委托编制标底的中介机构不得参加受托编制标底项目的投标，也不得为该项目的投标人编制投标文件或者提供咨询。招标人设有最高投标限价的，应当在招标文件中明确最高投标限价或者最高投标限价的计算方法。招标人不得规定最低投标限价。单位工程招标控制价表见表 10.0-2。

表 10.0-2 单位工程招标控制价表

工程名称：　　　　　　　　　　　　标段：　　　　　　　　　第 页 共 页

序号	汇总内容	金额/元	其中：暂估价/元
1	分部分项工程量清单计价合计	815 404.12	
1.1	人工费	137 442.70	
1.2	材料费	607 966.46	
1.3	施工机具使用费	12 870.82	
1.4	企业管理费	39 083.63	
1.5	利润	18 040.45	
2	措施项目清单计价合计	203 743.06	
2.1	单价措施项目费	154 196.47	

续表

序号	汇总内容	金额/元	其中：暂估价/元
2.2	总价措施项目费	49 546.59	
2.2.1	其中：安全文明施工措施费	33 063.38	
3	其他项目清单计价合计	40 000.00	
3.1	其中：暂列金额	40 000.00	
3.2	其中：专业工程暂估价		
3.3	其中：计日工		
3.4	其中：总承包服务费		
4	规费	39 506.19	
5	税金	98 878.80	
	招标控制价合计	1 197 532.17	

二、最高投标限价（招标控制价）的编制

（一）编制依据

招标控制价的编制依据是指在编制招标控制价时需要进行工程量计量、价格确认、工程计价的有关参数、率值的确定等工作时所需的基础性资料，主要包括：

（1）现行国家标准《建设工程工程量清单计价规范》（GB 50500—2013）与专业工程量计算规范。

（2）国家或省级、行业建设主管部门颁发的计价定额和计价办法。

（3）建设工程设计文件及相关资料。

（4）拟订的招标文件及招标工程量清单。

（5）与建设项目相关的标准、规范、技术资料。

（6）施工现场情况、工程特点及常规施工方案。

（7）工程造价管理机构发布的工程造价信息，但工程造价信息没有发布的，参照市场价。

（8）其他的相关资料。

上海地区建设工程项目还应遵守《上海市建设工程工程量清单计价应用规则》的相关规定。

（二）编制要求

（1）国有资金投资的工程建设项目应实行工程量清单招标，招标人应编制招标控制价，并应当拒绝高于招标控制价的投标报价，即投标人的投标报价若超过公布的招标控制价，则其投标应被否决。

（2）招标控制价应由具有编制能力的招标人或受其委托、具有相应资质的工程造价咨询人编制。工程造价咨询人不得同时接受招标人和投标人对同一工程的招标控制价和投标报价的编制。

（3）招标控制价应当依据工程量清单、工程计价有关规定和市场价格信息等编制。招标控制价应在招标文件中公布，对所编制的招标控制价不得进行上浮或下调。招标人应当在招标时公布招标控制价的总价，以及各单位工程的分部分项工程费、措施项目费、其他项目费、规费和税金。

（4）招标控制价超过批准的概算时，招标人应将其报原概算审批部门审核。这是由于我国对国有资金投资项目的投资控制实行的是设计概算审批制度，国有资金投资的工程原则上不能超过批准的设计概算。

（5）投标人经复核认为招标人公布的招标控制价未按照《建设工程工程量清单计价规

范》（GB 50500—2013）的规定进行编制的，应在招标控制价公布后 5 天内向招标投标监督机构和工程造价管理机构投诉。工程造价管理机构受理投诉后，应立即对招标控制价进行复查，组织投诉人、被投诉人或其委托的招标控制价编制人等单位人员对投诉问题逐一核对。工程造价管理机构应当在受理投诉的 10 天内完成复查，特殊情况下可适当延长，并做出书面结论通知投诉人、被投诉人及负责该工程招标投标监督的招标投标管理机构。当招标控制价复查结论与原公布的招标控制价误差大于±3%时，应责成招标人改正。当重新公布招标控制价时，若重新公布之日起至原投标截止期不足 15 天的应延长投标截止期。

（6）招标人应将招标控制价及有关资料报送工程所在地或有该工程管辖权的行业管理部门工程造价管理机构备查。

（三）编制招标控制价时应注意的问题

（1）采用的材料价格应是工程造价管理机构通过工程造价信息发布的材料价格，工程造价信息未发布材料单价的材料，其材料价格应通过市场调查确定。另外，未采用工程造价管理机构发布的工程造价信息时，需在招标文件或答疑补充文件中对招标控制价采用的与造价信息不一致的市场价格予以说明，采用的市场价格则应通过调查、分析确定，有可靠的信息来源。

（2）施工机械设备的选型直接关系到综合单价水平，应根据工程项目特点和施工条件，本着经济实用、先进高效的原则确定。

（3）应该正确、全面地使用行业和地方的计价定额与相关文件。

（4）不可竞争的措施项目和规费、税金等费用的计算均属于强制性的条款，编制招标控制价时应按国家有关规定计算。

（5）不同工程项目、不同施工单位会有不同的施工组织方法，所发生的措施费也会有所不同，因此，对于竞争性的措施费用的确定，招标人应首先编制常规的施工组织设计或施工方案，然后经专家论证确认后再合理确定措施项目与费用。

（四）编制内容与方法

1. 分部分项工程费

分部分项工程费应根据招标文件中的分部分项工程项目清单及有关要求，按《建设工程工程量清单计价规范》（GB 50500—2013）有关规定确定综合单价，然后由各分部分项工程量乘以相应综合单价汇总得到分部分项工程费。

在编制招标控制价中分部分项工程和单价措施项目的综合单价时，应按照招标人发布的分部分项工程量清单的项目名称、工程量、项目特征描述，依据工程所在地区颁发的计价定额和人工、材料、机械台班价格信息等进行组价确定。

计算综合单价的一般步骤如下：

（1）依据提供的工程量清单、施工图纸和工程量计算规范等文件，按照上海市建筑和装饰工程预算定额的规定，确定清单项目所综合的预算定额项目，并按预算定额工程量计算规则计算出相应定额项目的工程量。

（2）计算清单项目单位含量。计算每一计量单位的清单项目所分摊的预算定额项目的工程数量，即清单单位含量。用清单项目组价的预算定额项目工程量分别除以清单项目工程量计算。

$$清单项目单位含量=\frac{清单项目组价的预算定额项目工程量}{清单项目工程量}$$

（3）分部分项工程人工、材料、施工机具使用费用的计算。依据工程造价信息确定其人工、材料、机械台班单价。在计算时以完成每一计量单位的清单项目所需的人工、材料、机械用量为基础计算，即

$$每一计量单位清单项目某种资源的使用量＝该种资源的定额单位用量×相应定额项目的清单单位含量$$

再根据预先确定的各种生产要素的单位价格，可计算出每一计量单位清单项目的分部分项工程的人工费、材料费与施工机具使用费。

$$人工费＝完成单位清单项目所需人工的工日数量×人工工日单价$$

$$材料费＝\sum（完成单位清单项目所需各种材料、半成品的数量×各种材料、半成品单价）＋工程设备费$$

$$施工机具使用费＝\sum（完成单位清单项目所需各种机械的台班数量×各种机械的台班单价）＋\sum（完成单位清单项目所需各种仪器仪表的台班数量×各种仪器仪表的台班单价）$$

招标工程量清单中其他项目清单中列示了材料暂估价时，应按材料暂估价格计算材料费，并在分部分项工程量清单与计价表中表现出来。

（4）计算综合单价。企业管理费和利润的计算可按照上海市计价依据规定的计算基础和费率计算，以人工费为取费基数，则

$$企业管理费和利润＝每一计量单位清单项目人工费×企业管理费和利润费率$$

将上述费用汇总，即可得到清单综合单价。根据计算出的综合单价，可编制分部分项工程和单价措施项目清单与计价表。

【案例】表 10.0-3 为"2016 定额"中带基、砖基础、垫层、挖基础（槽）土方等分项工程的人材机消耗量；表 10.0-4 为"2016 定额"中带基、砖基础、垫层、挖基础（槽）土方等分项工程的人材机市场价。

表 10.0-3　定额消耗量表

项目名称		带基	混凝土垫层	机械挖沟槽埋深 3.5 m 以内	手推车运土 50 m 以内	砖基础	人工回填土夯填	平整场地
计量单位		m³	m³	m³	m³	m³	m³	m²
定额子目		01-5-1-2	01-5-1-1	01-1-1-17	01-1-2-4	01-4-1-1	01-1-2-2	01-1-1-1
人工	混凝土工	0.298 0	0.355 4					
	砌筑工					0.822 0		
	其他工	0.298 0	0.122 8	0.025 8	0.129 4	0.130 2	0.210 0	0.017 0
材料	预拌混凝土（泵送）	1.010 0	1.010					
	塑料薄膜	0.724 3						
	蒸压灰砂砖 240×115×53					526.306 0		
	干混砌筑砂浆 DMM10.0					0.2 450		
	水	0.075 4	0.320 9			0.106 3		
机械	混凝土振捣器	0.0 615	0.0 615					
	履带式单斗液压挖掘机 1 m³			0.0 017				

表 10.0-4 市场价

项目名称		带基	混凝土垫层	机械挖沟槽埋深 3.5 m 以内	手推车运土 50 m 以内	砖基础	人工回填土夯填	平整场地
计量单位		m³	m³	m³	m³	m³	m³	m²
定额子目		01-5-1-2	01-2-1-1	01-1-1-17	01-1-2-4	01-4-1-1	01-1-2-2	01-1-1-1
人工	混凝土工	150	150					
	砌筑工					130		
	其他工	120	120	120	120	120	120	120
材料	预拌混凝土（泵送）	450	450					
	塑料薄膜	0.5						
	蒸压灰砂砖 240×115×53					0.6		
	干混砌筑砂浆 DMM10.0					200		
	水	2.8	2.8			2.8		
机械	混凝土振捣器	10	10					
	履带式单斗液压挖掘机 1 m³			900				

平整场地和钢筋混凝土基础项目清单工程量和定额工程量已根据相关内容计算得出，具体工程量如下：

（1）平整场地 010101001001。

清单计算规则：按设计图示尺寸以建筑物首层建筑面积计算，单位：m²。

清单工程量：345.90 m²。

根据《上海市建筑和装饰工程预算定额》（SH01—31—2016），平整场地的计算规则：按设计图示尺寸以建筑物或构筑物的底面积的外边线，每边各加 2 m 以面积计算。

定额工程量：527.82 m²。

（2）钢筋混凝土带基 010501002001。

清单计算规则：按设计图示尺寸以体积计算，不扣除伸入承台基础的桩头所占体积。

清单工程量：31.75 m³。

根据《上海市建筑和装饰工程预算定额》（SH01—31—2016），钢筋混凝土带形基础的计算规则：按设计图示尺寸以体积计算，不扣除伸入承台基础的桩头所占体积，单位：m³。

经过对比可知，钢筋混凝土带形基础的清单计算规则同定额计算规则，可知该项目的定额工程量等于清单工程量，即定额工程量 $V = 31.75$ m³。

计算要求：

（1）根据分部分项工程量清单编码，编制《分部分项工程项目清单及计价表》（填写表 10.0-5）。

（2）根据管理费和利润率30％及以上条件，根据表 10.0-5 中描述的项目特征，计算平整场地和带形基础的综合单价，并写出详细的计算过程；填写平整场地和带形基础的分部分项工程量清单综合单价分析表（表 10.0-6 和表 10.0-7）。

（3）编制《分部分项工程项目清单及计价表》，填写完成表 10.0-5。

解题过程：

（1）根据图纸内容填写项目编码、项目名称、项目特征、计量单位，根据计算所得清单工程量，填写 10.0-5。

表 10.0-5　分部分项工程项目清单及计价表

序号	项目编码	项目名称	项目特征	计量单位	工程量	金额/元		
						综合单价	合价	其中：暂估价
1	010101001001	平整场地	1. 土壤类别：综合取定； 2. 弃土运距：由投标人自定； 3. 取土运距：由投标人自定	m²	345.90	4.05	1 400.90	1 076.75
2	010501002001	钢筋混凝土带基	1. 混凝土种类：现浇泵送混凝土； 2. 混凝土强度等级：C30	m³	31.75	518.58	16 464.92	1 536.07

（2）根据表中列举的项目特征，进行综合单价组价，详细过程计算如下：

1）平整场地　010101001001。

定额项目的清单项目单位含量：定额工程量/清单工程量＝527.82/345.90＝1.53

根据表 10.0-3 和表 10.0-4 中的定额消耗量和市场价：

01-1-1-1　平整场地　m²

单价：人工费：$0.0170 \times 120 = 2.04$（元）

　　　材料费：0

　　　机械费：0

　　　管理费和利润：$2.04 \times 30\% = 0.61$（元）

合价：人工费：$2.04 \times 1.53 = 3.12$（元）

　　　材料费：0

　　　机械费：0

　　　管理费和利润：$0.61 \times 1.53 = 0.93$（元）

综合单价：$3.12 + 0 + 0 + 0.93 = 4.05$（元/m²）

其中：人工费＝单价中的人工费×定额工程量＝$2.04 \times 527.82 = 1\,076.75$（元）

表 10.0-6　分部分项工程量清单综合单价分析表——平整场地

项目编码	010101001001		项目名称	平整场地	工程数量	345.90	计量单位	m²
清单综合单价组成明细								
定额编号	定额项目名称	定额单位	数量	单价				合价			
				人工费	材料费	机械费	管理费和利润	人工费	材料费	机械费	管理费和利润

续　表

项目编码	010101001001		项目名称	平整场地	工程数量	345.90	计量单位		m²
01-1-1-1	平整场地	m²	1.53	2.04	0	0	0.61	3.12	0	0	0.93
人工单价			小计				3.12	0	0	0.93
120 元/工日										
清单项目综合单价							4.05 元/m²			

材料费明细	主要材料名称、规格、型号		单位	数量	单价/元	合价/元
	其他材料费					—
	材料费小计					—

2）钢筋混凝土带形基础　010501002001。

定额项目的清单单位含量：定额量/清单量＝31.75/31.75＝1

根据表格中的定额消耗量和市场价：

01-5-1-2　带形基础　m³

　　单价：人工费：$0.298\ 0×150＋0.030\ 7×120＝48.38$（元）

　　　　　材料费：$1.01×450＋0.724\ 3×0.5＋0.075\ 4×2.8＝455.07$（元）

　　　　　机械费：$0.061\ 5×10＝0.62$（元）

　　　　　管理费和利润：$48.38×30\%＝14.51$（元）

　　合价：人工费：$48.38×1＝48.38$（元）

　　　　　材料费：$455.07×1＝455.07$（元）

　　　　　机械费：$0.62×1＝0.62$（元）

　　　　　管理费和利润：$14.51×1＝14.51$（元）

综合单价：$48.38＋455.07＋0.62＋14.51＝518.58$（元/m³）

其中：人工费＝单价中的人工费×定额工程量＝$48.38×31.75＝1\ 536.07$（元）

表 10.0-7　分部分项工程量清单综合单价分析表——钢筋混凝土带形基础

项目编码	010501002001	项目名称	平整场地	计量单位	m²	工程量	345.90
清单综合单价组成明细							

定额编号	定额项目名称	定额单位	数量	单价				合价			
				人工费	材料费	机械费	管理费和利润	人工费	材料费	机械费	管理费和利润
01-5-1-2	带形基础	m³	4	48.38	455.07	0.62	14.51	48.38	455.07	0.62	14.51
人工单价		小计						48.38	455.07	0.62	14.51

项目编码	010501002001	项目名称	平整场地	计量单位	m²	工程量	345.90
81.17 元/工日							
清单项目综合单价						518.58 元/m³	

材料费明细	主要材料名称、规格、型号	单位	数量	单价/元	合价/元
	预拌混凝土 C30	m³	1.01	450	454.50
	塑料薄膜	m²	0.7 243	0.50	0.36
	水	m³	0.0 754	2.80	0.21
	其他材料费			—	
	材料费小计			—	455.07

3）将对于清单项目计算所得的综合单价，填入《分部分项工程项目清单及计价表》（表 10.0-5）中，完成分部分项工程费的计算。

2. 措施项目费

《建设工程工程量清单计价规范》（GB 50500—2013）将措施项目分为总价措施项目（整体措施项目）和单价措施项目（单项措施项目）两部分，即应分别计算总价措施项目费和单价措施项目费。其中单价措施项目费的计算方法同分部分项工程费的计算方法，即

$$单价措施项目费 = \sum（单价措施项目工程量 \times 综合单价）$$

其中综合单价的计算方法同分部分项工程费中的综合单价的计算方法，不再赘述。

总价措施项目包括安全文明施工费（安全防护、文明施工费），夜间施工费，非夜间施工照明费，二次搬运费，冬雨期施工增加费，地上、地下设施及建筑物临时保护设施，已完工程及设备保护等。

总价措施项目中的安全文明施工费（安全防护、文明施工费）按照上海市城乡建设和交通委员会《关于印发〈上海市建设工程安全防护、文明施工措施费用管理暂行规定〉的通知》（沪建交〔2006〕445 号文件）的规定施行。市政管网工程参照排水管道工程；房屋修缮工程参照民用建筑（居住建筑多层）；园林绿化工程参照民防工程（15 000 m² 以上）；仿古建筑工程参照民用建筑（居住建筑多层）。

房屋建筑工程安全防护、文明施工措施费费率见表 10.0-8。

表 10.0-8 房屋建筑工程安全防护、文明施工措施费费率

项目类别			费率/%	备注
工业建筑	厂房	单层	2.8～3.2	
		多层	3.2～3.6	
	仓库	单层	2.0～2.3	
		多层	3.0～3.4	

续表

项目类别			费率/%	备注
民用建筑	居住建筑	低层	3.0～3.4	
		多层	3.3～3.8	
		中高层及高层	3.0～3.4	
	公共建筑及综合性建筑		3.3～3.8	
独立设备安装工程			1.0～1.15	

注：

1. 居住建筑包括住宅、宿舍、公寓。

2. 安全防护、文明施工措施费，以国家标准《建设工程工程量清单计价规范》（GB 50500—2013）的分部分项工程工程量清单价合计（综合单价）为基数乘以相应的费率计算费用，作为控制安全防护、文明施工措施的最低总费用。

3. 对深基坑围护、施工排水降水、脚手架、混凝土和钢筋混凝土模板及支架等危险性较大工程的措施项目和对沿街安全防护设施、夜间施工、二次搬运、大型机械设备进出场及安拆、已完工程及设备保护、垂直运输机械等其他措施项目，依照批准的施工组织设计方案，仍按《建设工程工程量清单计价规范》（GB 50500—2013）的有关规定报价，一并计入施工措施费。

市政基础设施工程安全防护、文明施工措施费费率见表 10.0-9。

表 10.0-9　市政基础设施工程安全防护、文明施工措施费费率

项目类别		费率/%	备注
道路工程		2.2～2.6	
道路交通管理设施工程		1.8～2.2	
桥涵及护岸工程		2.6～3.0	
排水管道工程		2.4～2.8	
排水构筑物工程	泵站	2.2～2.6	
	污水处理厂	2.2～2.6	
轨道交通工程	地铁车站	2.2～2.6	
	区间隧道	1.2～1.8	
越江隧道工程		1.2～1.8	

注：

1. 安全防护、文明施工措施费，以国家《建设工程工程量清单计价规范》（GB 50500—2013）的分部分项工程工程量清单价合计（综合单价）为基数乘以相应的费率计算费用，作为控制安全防护、文明施工措施的最低总费用。

2. 对未列入安全防护、文明施工措施费清单内容的夜间施工、二次搬运、大型机械设备进出场及安拆、脚手架拆装、已完工程及设备保护、垂直运输机械等措施费用，仍按《建设工程工程量清单计价规范》（GB 50500—2013）的有关规定报价。

民防工程安全防护、文明施工措施费费率见表 10.0-10。

表 10.0-10　民防工程安全防护、文明施工措施费费率

序号	项目类别		费率/%	备注
1	民防工程	2 000 m² 以内	3.49～4.22	
2		5 000 m² 以内	2.13～2.58	
3		8 000 m² 以内	1.82～2.21	
4		10 000 m² 以内	1.63～1.98	
5		15 000 m² 以内	1.49～1.81	
6		15 000 m² 以上	1.31～1.59	
7	独立装饰装修工程		2.0～72.3	

注：

1. 项目类别中的面积是指民防工程建筑面积。

2. 安全防护、文明施工措施费，以《人防工程工程量清单计价办法》的分部分项工程工程量清单合计（综合单价）为基础乘以相应的费率计算费用，作为控制安全防护、文明施工措施的最低总费用。

3. 对未列入安全防护、文明施工措施费清单内容的夜间施工、二次搬运、大型机械设备进出场及安拆、混凝土、钢筋混凝土模板及支架、脚手架、已完工程及设备保护、施工排水降水、垂直水平运输机械、内部施工照明等措施费用，仍按《人防工程工程量清单计价办法》的有关规定报价。

总价措施项目中除安全文明施工费外的其他总价措施项目，以分部分项工程费为基数，乘以相应费率（上海市现行文件为《关于实施建筑业营业税改增值税调整本市建设工程计价依据的通知》沪建市管〔2016〕42 号文件）（表 10.0-11）。主要包括夜间施工，非夜间施工照明，二次搬运，冬雨季施工，地上、地下设施及建筑物的临时保护设施（施工场地内）和已完工程及设备保护等内容。其他措施项目费中不包含增值税可抵扣进项税额。

表 10.0-11　各专业工程其他措施项目费费率

工程专业		计算基数	费率/%
房屋建筑与装饰工程		分部分项工程费	1.50～2.37
通用安装工程			1.50～2.37
市政工程	土建		1.50～3.75
	安装		
城市轨道交通工程	土建		1.40～2.80
	安装		
园林绿化工程	种植		1.49～2.37
	养护		/
仿古建筑工程（含小品）			1.49～2.37
房屋修缮工程			1.50～2.37
民防工程			1.50～2.37
市政管网工程（给水、燃气管道工程）			1.50～3.75

措施项目费填写示例见表 10.0-12 和表 10.0-13。

表 10.0-12 分部分项工程和单价措施项目清单与计价表

工程名称: 　　　　　　　　　　标段: 　　　　　　　　　　第　页 共　页

序号	项目编码	项目名称	项目特征	计量单位	工程量	综合单价	合价	其中:暂估价
1	011701001001	脚手架	1. 框架结构; 2. 檐口高度:详见图纸	项	1	46 143.90	46 143.90	
2	011703001001	垂直运输	1. 建筑物类型及结构形式:框架结构; 2. 建筑物檐口高度、层数:详见图纸	项	1	26 596.20	26 596.20	
3	011702001001	垫层模板	混凝土垫层,复合木模板	m²	12.95	78.92	1 022.01	
4	011702001002	桩承台基础模板	各种柱基、桩承台,复合木模板	m²	155.33	67.55	10 492.54	
5	011702002001	矩形柱模板	1. 矩形柱,复合木模板; 2. 周长2.5 m以内	m²	444.16	69.83	31 015.69	
6	011702003001	构造柱模板	构造柱,复合木模板	m²	69.71	84.69	5 903.74	
7	011702008001	基础梁模板	圈梁、基坑支撑梁,复合木模板	m²	23.18	62.42	1 446.90	
			本页小计				168 478.97	

表 10.0-13 总价措施项目清单与计价表

工程名称: 　　　　　　　　　　标段: 　　　　　　　　　　第　页 共　页

序号	项目编码	项目名称	计算基础	费率/%	金额/元	调整费率/%	调整后金额/元	备注
1	011707001001	现场安全文明施工			69 652.29			
1.1		基本费	分部分项工程费+单价措施项目费-除税工程设备费	3.100	63 320.26			

续表

序号	项目编码	项目名称	计算基础	费率/%	金额/元	调整费率/%	调整后金额/元	备注
1.2		标化增加费（省一星级）	分部分项工程费＋单价措施项目费－除税工程设备费					
1.3		扬尘污染防治增加费	分部分项工程费＋单价措施项目费－除税工程设备费	0.310	6 332.03			
2	011707010001	工程按质论价（市优）	分部分项工程费＋单价措施项目费－除税工程设备费					
3	011707002001	夜间施工	分部分项工程费＋单价措施项目费－除税工程设备费					
4	011707004001	二次搬运	分部分项工程费＋单价措施项目费－除税工程设备费					
5	011707005001	冬雨期施工	分部分项工程费＋单价措施项目费－除税工程设备费					
6	011707006001	地上、地下设施、建筑物临时保护设施	分部分项工程费＋单价措施项目费－除税工程设备费					
7	011707007001	已完工程及设备保护费	分部分项工程费＋单价措施项目费－除税工程设备费					
8	011707008001	临时设施费	分部分项工程费＋单价措施项目费－除税工程设备费	1.650	33 702.72			
9	011707009001	赶工措施费	分部分项工程费＋单价措施项目费－除税工程设备费					
10	01B001	特殊条件下施工增加费	分部分项工程费＋单价措施项目费－除税工程设备费					

续表

序号	项目编码	项目名称	计算基础	费率/%	金额/元	调整费率/%	调整后金额/元	备注
11	011707003001	非夜间施工照明	分部分项工程费＋单价措施项目费－除税工程设备费					
12	011707011001	住宅工程分户验收	分部分项工程费＋单价措施项目费－除税工程设备费					
13	011707012001	建筑工人实名制费用	分部分项工程费＋单价措施项目费－除税工程设备费	0.050	1 021.29			
		合　计			104 376.30			

3. 其他项目费

其他项目费包括暂列金额、暂估价、计日工和总承包服务费，应按照下列规定进行计价：

（1）暂列金额应按招标工程量清单中列出的金额填写。

（2）暂估价中的材料、工程设备单价应按招标工程量清单中列出的单价计入综合单价。

（3）暂估价中的专业工程金额应按招标工程量清单中列出的金额填写。

（4）计日工应按招标工程量清单中列出的项目，根据工程特点和有关计价依据确定综合单价计算。

（5）总承包服务费应根据招标工程量清单列出的内容和要求估算，根据总承包管理和协调工作的不同，计算费率可参考以下标准：

1）招标人仅要求对分包的专业工程进行总承包管理和协调时，按分包的专业工程估算造价的 1.5% 计算。

2）招标人要求对分包的专业工程进行总承包管理和协调，并同时要求提供配合服务时，根据招标文件列出的配合服务内容和提出的要求，按分包的专业工程估算造价的 3%～5% 计算。

3）招标人自行供应材料的，按招标人供应材料价值的 1% 计算。

其他项目费填写示例见表 10.0-14 和表 10.0-15。

表 10.0-14　其他项目清单与计价汇总表

工程名称：　　　　　　　　　　　　标段：　　　　　　　　　　　第　页　共　页

序号	项目名称	金额/元	结算金额/元	备注
1	暂列金额	86 000.00		
2	暂估价			
2.1	材料暂估价			
2.2	专业工程暂估价			
3	计日工			
4	总承包服务费			
	合　计	86 000.00		

表 10.0-15 暂列金额明细表

工程名称： 标段： 第 页 共 页

序号	项目名称	计量单位	暂定金额/元	备注
1	暂列金额	项	86 000.00	
合 计			86 000.00	

4. 规费和税金

(1) 规费。按照上海市相关文件 (现行文件为《关于调整本市建设工程造价中社会保险费率的通知》沪建市管〔2019〕24 号) 的规定，规费包含社会保险费和住房公积金两项内容，原工程排污费按上海市相关规定应计入建设工程材料价格信息发布的水费价格内。社会保险费和住房公积金应符合上海市现行规定的要求。

社会保险费 (包括养老保险费、失业保险费、医疗保险费、生育保险费、工伤保险费)，应以分部分项工程、单价措施项目和专业暂估价的人工费之和为基数，其中，专业暂估价中的人工费按专业暂估价的 20％计算。

招标人在工程量清单招标文件规费项目中列支社会保险费，社会保险费包括管理人员和生产工人的社会保险费，管理人员和生产工人社会保险费取费费率固定统一。社会保险费费率见表 10.0-16。

表 10.0-16 社会保险费费率 (数据来源：沪建市管〔2019〕24 号文件)

工程类别		计算基础	计算费率/％		
			管理人员	生产工人	合计
房屋建筑与装饰工程		人工费	4.56	28.04	32.60
通用安装工程				28.04	32.60
市政工程	土建			30.05	34.61
	安装			28.04	32.60
城市轨道交通工程	土建			30.05	34.61
	安装			28.04	32.60
园林绿化工程	种植			28.88	33.44
仿古建筑工程 (含小品)				28.04	32.60
房屋修缮工程				28.04	32.60
民防工程				28.04	32.60
市政管网工程 (燃气管道工程)				29.40	33.96
市政养护	土建			31.56	36.12
	机电设备			30.38	34.94
绿地养护				31.56	36.12

住房公积金以分部分项工程、单价措施项目和专业暂估价的人工费为基数，乘以相应费率。其中，专业暂估价中的人工费按专业暂估价的 20％计算。住房公积金费率见表 10.0-17。

表 10.0-17 住房公积金费率（数据来源：沪建市管〔2019〕24 号文件）

工程类别		计算基础	费率/%
房屋建筑与装饰工程		人工费	1.96
通用安装工程			1.59
市政工程	土建		1.96
	安装		1.59
城市轨道交通工程	土建		1.96
	安装		1.59
园林绿化工程	种植		1.59
仿古建筑工程（含小品）			1.81
房屋修缮工程			1.32
民防工程			1.96
市政管网工程（燃气管道工程）			1.68
市政养护	土建		1.96
	机电设备		1.59
绿地养护			1.59

（2）税金。税金即增值税，即为当期销项税额，当期销项税额＝税前工程造价×增值税税率，增值税税率为 9%。

规费和税金应按国家或省级、行业建设主管部门的规定计算，不得作为竞争性费用。规费、税金填写示例见表 10.0-18。

表 10.0-18 规费、税金项目计价表

工程名称：　　　　　　　　　　标段：　　　　　　　　　　　第 页 共 页

序号	项目名称	计算基础	计算基数/元	计算费率/%	金额/元
1	规费		83 289.61		83 289.61
1.1	社会保险费	分部分项工程费＋措施项目费＋其他项目费－除税工程设备费	2 232 965.25	3.20	71 454.89
1.2	住房公积金	分部分项工程费＋措施项目费＋其他项目费－除税工程设备费	2 232 965.25	0.53	11 834.72
2	税金	分部分项工程费＋措施项目费＋其他项目费＋规费	2 316 254.86	9.00	208 462.94
合　计					291 752.55

招标控制价案例（××厂房）

任务一　综合单价计算

一、任务书内容

（1）计算对应清单项目的定额工程量。

（2）收集人工、材料、机械价格信息。

（3）根据工程所在地相关的计价依据，组成综合单价。

二、过程指导

（1）根据每个清单项目描述的项目特征和工程所在地使用的预算定额，计算对应项目的定额工程量。

（2）收集工程造价管理机构通过工程造价信息发布的人工、材料、机械价格信息，对于工程造价信息未发布材料单价的材料，其材料价格应通过市场调查确定。

（3）企业管理费和利润的计算可按照工程所在地计价依据规定的计算基础和费率计算，以人工费为取费基数，组成综合单价。

综合单价分析表

三、填报表格

完成工作计划安排表（表 10.1-1）、工作完成情况表（表 10.1-2）内容的填写。

四、提交成果文件

典型项目分部分项工程项目与单价措施项目综合单价分析表 5 份。

表 10.1-1　（＿＿＿＿＿＿公司）工作计划安排表

招标阶段：项目十　招标控制价

任务一　综合单价计算				
序号	计划完成内容	计划完成时间	任务分配	备注
1	计算定额工程量			
2	收集人工、材料、机械台班工程造价管理部门发布的指导价			
3	工程所在地计价文件及依据			
4	组成综合单价			

审核人：＿＿＿＿＿＿　　审核日期：＿＿＿＿＿＿

表 10.1-2　(＿＿＿＿＿＿公司）工作完成情况表

招标阶段：项目十　招标控制价

任务一　综合单价计算

序号	具体完成工作内容	计划完成时间	实际完成时间	存在问题及原因分析	完成人
1	计算定额工程量				
2	收集人工、材料、机械台班工程造价管理部门发布的指导价				
3	工程所在地计价文件及依据				
4	组成综合单价				

审核人：＿＿＿＿＿＿　　　审核日期：＿＿＿＿＿＿

任务二 计算分部分项工程费及措施项目费

一、任务书内容

（1）计算分部分项工程费。

（2）计算措施项目费。

二、过程指导

（1）计算分部分项工程费。

1）在分部分项工程项目清单与计价表中填写综合单价，由清单工程量与综合单价相乘得到每个清单项目的合价；清单工程量与综合单价中的人工费相乘，得到其中的人工费；如果个别材料确定的是暂估单价，用材料消耗量乘以材料暂估单价就可得到其中的材料暂估价。

2）将所有清单项目按照分部分项工程进行整理汇总后，计算得出分部分项工程费。

3）将手算项目填入分部分项工程项目清单与计价表（表 9.0-4）。

（2）计算措施项目费。

1）利用广联达兴安得力云计价软件，计算措施项目费。

2）单价措施项目费计取方式同分部分项工程费中的综合单价计取方式。

3）安全防护、文明施工措施费，以《人防工程工程量清单计价办法》中的分部分项工程清单价合计（综合单价）为基础乘以相应的费率计算费用，作为控制安全防护、文明施工措施的最低总费用。

4）对深基坑围护、施工排水降水、脚手架、混凝土和钢筋混凝土模板及支架等危险性较大工程的措施项目和对沿街安全防护设施、夜间施工、二次搬运、大型机械设备进出场及安拆、已完工程及设备保护、垂直运输机械等其他措施项目，依照批准的施工组织设计方案，仍按《建设工程工程量清单计价规范》（GB 50500—2013）的有关规定报价，一并计入施工措施费。

5）结合工程实际情况，完成安全防护、文明施工清单与计价明细表（表 9.0-7），其他措施项目清单与计价表（表 9.0-8），单价措施项目清单与计价表（表 9.0-9）3 张表格的内容填写。

三、填报表格

完成工作计划安排表（表 10.2-1）、工作完成情况表（表 10.2-2）内容的填写。

四、提交成果文件

（1）提交分部分项工程项目清单与计价表（表 9.0-4）一份。

（2）提交安全防护、文明施工清单与计价明细表（表 9.0-7）一份。

（3）提交其他措施项目清单与计价表（表 9.0-8）一份。

（4）提交单价措施项目清单与计价表（表 9.0-9）各一份。

分部分项工程
项目清单与计价表

表 10.2-1　（_____公司）**工作计划安排表**

招标阶段：项目十　招标控制价

任务二　计算分部分项工程费及措施项目费				
序号	计划完成内容	计划完成时间	任务分配	备注
1	计价软件编制分部分项工程费			
2	手工填写分部分项工程费			
3	计价软件编制措施项目费			
4	手工填写措施项目费			

审核人：_____　　　　审核日期：_____

表 10.2-2 (_____公司）**工作完成情况表**

招标阶段：项目十 招标控制价

任务二 计算分部分项工程费及措施项目费					
序号	具体完成工作内容	计划完成时间	实际完成时间	存在问题及原因分析	完成人
1	计价软件编制分部分项工程费				
2	手工填写分部分项工程费				
3	计价软件编制措施项目费				
4	手工填写措施项目费				

审核人：_____   审核日期：_____

任务三　计算其他项目费、规费和税金

一、任务书内容

（1）计算其他项目费。

（2）计算规费和税金。

二、过程指导

（1）其他项目清单。其他项目清单包括：暂列金额、暂估价、计日工、总承包服务费。在计价软件中按照各项费用的计取标准进行编制。

1）暂列金额。根据实际工程情况进行确定。一般情况下，按照分部分项工程费和措施项目费之和的 10%～15% 计取。在实际履约过程中可能发生，也可能不发生。

2）暂估价。因为标准不明确或者需要由专业承包人完成，暂时无法确定材料、工程设备的具体价格而采用的一种临时性计价方式。有材料及工程设备暂估价和专业工程暂估价。

3）计日工。计日工应根据列出项目名称、计量单位和暂估数量，以综合单价的方式计取。计日工综合单价均不包括规费和税金。

4）总承包服务费。总承包服务费应列出服务项目及其内容等。费率可参考以下标准：招标人仅要求对分包的专业工程进行总承包管理和协调时，按分包的专业工程估算造价的 1.5% 计算；招标人要求对分包的专业工程进行总承包管理和协调，并同时要求提供配合服务时，根据招标文件列出的配合服务内容和提出的要求，按分包的专业工程估算造价的 3%～5% 计算；招标人自行供应材料的，按招标人供应材料价值的 1% 计算。

（2）规费。规费项目清单应包括下列内容：社会保险费（包括养老保险费、失业保险费、医疗保险费、工伤保险费、生育保险费）和住房公积金。

社会保险费（包括养老保险费、失业保险费、医疗保险费、生育保险费、工伤保险费），应以分部分项工程、单价措施项目和专业暂估价的人工费之和为基数，其中，专业暂估价中的人工费按专业暂估价的 20% 计算。按照沪建市管〔2019〕24 号文件中社会保险费费率（见相关知识要点）中对应工程类别的相应费率进行计取。

住房公积金以分部分项工程、单价措施项目和专业暂估价的人工费为基数，其中，专业暂估价中的人工费按专业暂估价的 20% 计算。按照沪建市管〔2019〕24 号文件中住房公积金费率（见相关知识要点）中对应工程类别的相应费率进行计取。

（3）税金。税金即增值税，也即当期销项税额，当期销项税额＝税前工程造价×增值税税率，增值税税率为 9%。税前造价即分部分项工程费、措施项目费、其他项目费、规费之和。

规费和税金应按国家或省级、行业建设主管部门的规定计算，不得作为竞争性费用。

三、填报表格

完成工作计划安排表（表 10.3-1）、工作完成情况表（表 10.3-2）内容的填写。

表 10.3-1 （＿＿＿＿＿＿公司）**工作计划安排表**

招标阶段：项目十 招标控制价

任务三 计算其他项目费、规费和税金				
序号	计划完成内容	计划完成时间	任务分配	备注
1	计算其他项目费			
2	计算规费			
3	计算税金			

审核人：＿＿＿＿＿＿ 审核日期：＿＿＿＿＿＿

表 10.3-2 （_____公司）工作完成情况表

招标阶段：项目十 招标控制价

任务三 计算其他项目费、规费和税金

序号	具体完成工作内容	计划完成时间	实际完成时间	存在问题及原因分析	完成人
1	计算其他项目费				
2	计算规费				
3	计算税金				

审核人：_____ 审核日期：_____

任务四 整理资料、编制说明、打印招标控制价文件

一、任务书内容

（1）整理资料，编制总说明。

（2）核实费用明细，核对工程造价。

（3）从计价软件中导出招标控制价文件。

二、过程指导

（1）总说明的编制。总说明中包括工程概况，工程招标及分包范围，工程量清单编制依据，工程质量、材料、施工等的特殊要求及其他内容。

（2）检查、核实资料。

1）进一步核对分部分项工程费、措施项目费、其他项目费、规费和税金。

2）汇总计算后，检查是否与合计工程造价一致。

3）检查招标控制价的编制依据是否完整。

（3）从计价软件中导出完整的招标控制价文件。

三、填报表格

完成工作计划安排表（表 10.4-1）、工作完成情况表（表 10.4-2）内容的填写。

四、提交成果文件

（1）提交计价软件文档一份。

（2）提交电子版的招标控制价文件一份。

（3）提交纸质版招标控制价文件一份（综合单价分析表不打印）。

表 10.4-1 　（＿＿＿＿＿＿公司）**工作计划安排表**

招标阶段：项目十　招标控制价

任务四　整理资料、编制说明、打印招标控制价文件

序号	计划完成内容	计划完成时间	任务分配	备注
1	整理资料，编制总说明			
2	核对各项费用明细			
3	导出电子版招标控制价文件			
4	打印装订招标控制价文件			

审核人：＿＿＿＿＿＿　　　审核日期：＿＿＿＿＿＿

表 10.4-2 　(＿＿＿＿＿＿＿＿公司）**工作完成情况表**

招标阶段：项目十　招标控制价

任务四　整理资料、编制说明、打印招标控制价文件					
序号	具体完成工作内容	计划完成时间	实际完成时间	存在问题及原因分析	完成人
1	整理资料，编制总说明				
2	核对各项费用明细				
3	导出电子版招标控制价文件				
4	打印装订招标控制价文件				
审核人：＿＿＿＿＿＿＿＿　　　审核日期：＿＿＿＿＿＿＿＿					

实训 评 价

　　根据列出的评价标准及分值，对招标控制价要检查的内容进行评价，判断是否完成任务书所要求的内容，是否达到综合实训的目标。

　　评价方式采取过程评价和结果评价两种，评价方法采取老师评价和小组内部成员互相评价相结合。过程评价和结果评价综合得分为学生的此工作任务得分。

　　在工作任务实施前，要事先确定好两个比重：一是任务过程评分和任务成果评分占总得分的比重；二是老师评分和小组评分占总得分的比重。

　　根据各自的身份，完成任务过程评价表（表 10.5-1）、任务成果评价表（表 10.5-2）、任务总体评价表（表 10.5-3）对应评价得分的填写。

表 10.5-1 (_____公司)任务过程评价表

招标阶段：项目十 招标控制价

被考核人	任务过程评价得分			
检查内容	个人自评得分 （20分）	小组评价得分 （40分）	教师评价得分 （40分）	综合得分 （100分）
1. 分工合理（20%）				
2. 角色扮演（20%）				
3. 全员参与（20%）				
4. 团队协作（20%）				
5. 工作态度（20%）				
合计				
评价人签名				

表 10.5-2 (_____公司）任务成果评价表

招标阶段：项目十 招标控制价

被考核人					任务成果评价得分				
检查内容	教师评价（40分）				小组评价（60分）				综合得分（100分）
	良好	一般	合格	不合格	良好	一般	合格	不合格	
表 10.1-1									
表 10.1-2									
综合单价分析表5份									
表 10.2-1									
表 10.2-2									
分部分项工程与单价措施项目清单计价表									
表 10.3-1									
表 10.3-2									
表 10.4-1									
表 10.4-2									
计价软件文件									
电子版招标控制价文件									
纸质版招标控制价文件									
合 计									
评价人签名									

表 10.5-3 （_____公司）**任务总体评价表**

招标阶段：项目十 招标控制价

被考核人		项目十：总得分	
实践项目十		招标控制价	
		权重前得分	权重后得分
任务过程评价（60%）			
任务成果评价（40%）			
得分汇总确认签名			
实践与反思			

项目十一

投标报价

实训目标

1. 会计算综合单价。
2. 能用广联达计量、计价软件进行投标报价。
3. 能计算分部分项工程项目费和措施项目费。
4. 能计算其他项目费、规费和税金。
5. 会编制投标报价文件总说明，整理装订投标报价文件。

实训任务

任务一 综合单价计算
任务二 计算分部分项工程费和措施项目费
任务三 计算其他项目费、规费和税金
任务四 整理资料、编制说明、打印投标报价文件

背景资料

相关知识要点：

一、投标报价的概念

投标报价是在工程招标发包过程中，由投标人按照招标文件的要求，根据工程特点，并结合自身的施工技术、装备和管理水平，依据有关计价规定自主确定的工程造价，是投标人希望达成工程承包交易的期望价格，它不能高于招标人设定的招标控制价。作为投标计算的必要条件，应预先确定施工方案和施工进度，此外，投标计算还必须与采用的合同形式相协调。

二、投标报价的编制

（一）投标报价的编制原则

报价是投标的关键性工作，报价是否合理不仅直接关系到投标的成败，还关系到中标后企业的盈亏。投标报价的编制原则如下：

（1）投标报价由投标人自主确定，但必须执行《建设工程工程量清单计价规范》（GB 50500—2013）的强制性规定。投标报价应由投标人或受其委托、具有相应资质的工程造价咨询人员编制。

（2）投标人的投标报价不得低于工程成本。《招标投标法》第四十一条规定："中标人的投标应当符合下列条件……（二）能够满足招标文件的实质性要求，并且经评审的投标价格最低；但是投标价格低于成本的除外。"《评标委员会和评标方法暂行规定》（七部委第12号令）第二十一条规定："在评标过程中，评标委员会发现投标人的报价明显低于其他投标报价或者在设有标底时明显低于标底的，使得其投标报价可能低于其个别成本的，应当要求该投标人做出书面说明并提供相关证明材料。投标人不能合理说明或者不能提供相关证明材料的，由评标委员会认定该投标人以低于成本报价竞标，应当否决该投标人的投标。"根据上述法律、规章的规定，特别要求投标人的投标报价不得低于工程成本。

（3）投标报价要以招标文件中设定的发承包双方责任划分，作为考虑投标报价费用项目和费用计算的基础，发承包双方的责任划分不同，会导致合同风险分摊不同，从而导致投标人选择不同的报价；根据工程发承包模式考虑投标报价的费用内容和计算深度。

（4）以施工方案、技术措施等作为投标报价计算的基本条件；以反映企业技术和管理水平的企业定额作为计算人工、材料和机械台班消耗量的基本依据；充分利用现场考察、调研成果、市场价格信息和行情资料，编制基础报价。

（5）报价计算方法要科学严谨，简明适用。

（二）投标报价的编制依据

《建设工程工程量清单计价规范》（GB 50500—2013）规定，投标报价应根据下列依据编制：

（1）《建设工程工程量清单计价规范》（GB 50500—2013）与专业工程量计算规范。

（2）国家或省级、行业建设主管部门颁发的计价办法。

（3）企业定额，国家或省级、行业建设主管部门颁发的计价定额。

（4）招标文件、工程量清单及其补充通知、答疑纪要。

（5）建设工程设计文件及相关资料。

（6）施工现场情况、工程特点及投标时拟订的施工组织设计或施工方案。

（7）与建设项目相关的标准、规范等技术资料。

（8）市场价格信息或工程造价管理机构发布的工程造价信息。

（9）其他的相关资料。

上海地区工程项目还应同时依据《上海市建设工程工程量清单计价应用规则》中的相关规定。

（三）投标报价的编制内容与方法

投标报价的编制过程，应首先根据招标人提供的工程量清单编制分部分项工程和措施项目计价表、其他项目计价表、规费和税金项目计价表，计算完毕之后，汇总得到单位工程投标报价汇总表，再层层汇总，分别得出单项工程投标报价汇总表和工程项目投标总价汇总表。在编制过程中，投标人应按招标人提供的工程量清单填报价格。

1. 分部分项工程和单价措施项目清单与计价表的编制

承包人投标价中的分部分项工程费和以单价计算的措施项目费应按招标文件中分部分项工程和单价措施项目清单与计价表中的特征描述确定综合单价。因此，确定综合单价是分部分项工程和单价措施项目清单与计价表编制过程中最主要的工作。综合单价包括完成一个规定清单项目所需的人工费、材料和工程设备费、施工机具使用费、企业管理费、利润，并考虑风险费用的分摊。

$$分部分项工程费 = \sum（分部分项工程量 \times 综合单价）$$
$$单价措施项目费 = \sum（单价措施项目工程量 \times 综合单价）$$

（1）确定分部分项工程综合单价时应注意以下问题：

1）以项目特征描述为依据。确定分部分项工程工程量清单项目综合单价的最重要依据之一是该清单项目的特征描述，投标人投标报价时应依据招标文件中分部分项工程工程量清单项目的特征描述确定清单项目的综合单价。在招标投标过程中，当出现招标文件中分部分项工程工程量清单特征描述与设计图纸不符时，投标人应以分部分项工程工程量清单的项目特征描述为准，确定投标报价的综合单价。当施工中施工图纸或设计变更与工程量清单项目特征描述不一致时，发承包双方应按实际施工的项目特征，依据合同约定重新确定综合单价。

2）材料和工程设备暂估价的处理。招标文件中在其他项目清单中提供了暂估单价的材料和工程设备，应按其暂估的单价计入分部分项工程工程量清单项目的综合单价。

3）应包括承包人承担的合理风险。招标文件中要求投标人承担的风险费用，投标人应考虑进入综合单价。在施工过程中，当出现的风险内容及其范围（幅度）在招标文件规定的范围（幅度）内时，综合单价不得变动，工程价款不做调整。根据国际管理并结合我国社会主义市场经济条件下工程建设的特点，发承包双方对工程施工阶段的风险宜采用如下分摊原则：

①对于主要由市场价格波动导致的价格风险，如工程造价中的建筑材料、燃料等价格风险，发承包双方应当在招标文件中或在合同中对此类风险的范围和幅度予以明确约定，进行合理分摊。

②对于法律、法规、规章或有关政策出台导致工程税金、规费、人工发生变化，并由省级、行业住房和城乡建设主管部门或其授权的工程造价管理机构根据上述变化发布的政策性调整，承包人不应承担此类风险，应按照有关调整规定执行。

③对于承包人根据自身技术水平、管理、经营状况能够自主控制的风险，如承包人的管理费、利润的风险，承包人应结合市场情况，根据企业自身的实际合理确定、自主报价，该部分风险由承包人全部承担。

4）在组价时保证综合单价中使用的材料、工程设备与工程设备一览表中的材料和工程设备单价一致。

5）对于国家定价或采用指导价的人工和材料单价，采用国家定价或指导价确定综合单价。

（2）综合单价的确定及综合单价分析表的编制。

1）综合单价的确定。综合单价的计算方法与招标控制价中讲到的综合单价计算方法基本一致，区别在于采用的计算基础，一般情况下，投标报价时计算综合单价的计算基础主要包括消耗量指标和生产要素单价。应根据本企业的实际消耗量水平，并结合拟订的施工方案确定完成清单项目需要消耗各种人工、材料、机械台班的数量。计算时应采用企业定额，在没有企业定额或企业定额缺项时，可参照与本企业实际水平相近的国家、地区、行业定额，并通过调整来确定清单项目的人、材、机单位用量。各种人工、材料、机械台班的单价，则应根据询价的结果和市场行情综合确定。

2）综合单价分析表的编制。为表明综合单价的合理性，投标人应对其进行单价分析，以作为评标时的判断依据。综合单价分析表的编制应反映上述综合单价的编制过程，并按照规定的格式进行。

【案例】某工程柱下独立基础如图 11.0-1 所示，共 20 个。已知土壤类别为三类土，混凝土为商品混凝土，基础垫层为 C20（垫层每边比基础底面宽 100 mm，垫层厚 100 mm），独立基础强度等级为 C30，基础保护层厚度为 20 mm。招标人编制了该工程的招标工程量清单，其中垫层、独立基础及钢筋的工程量清单见表 11.0-1。C30 混凝土暂估单价为 400.00 元/m³（不含税，含泵送），用于混凝土独立基础。直径 14 mm 的钢筋单位质量为 1.208 kg/m。

表 11.0-1　分部分项工程和单价措施项目清单与计价表（部分）

工程名称：　　　　　　　　　　　　　标段：　　　　　　　　　　　第　页 共　页

序号	项目编码	项目名称	项目特征描述	计量单位	工程量	金额/元		
						综合单价	合价	其中：暂估价
1	010501001001	垫层	1. 混凝土类型：商品混凝土；2. 混凝土强度等级：C20	m³	23.68			
2	010501003001	独立基础	1. 混凝土类型：商品混凝土；2. 混凝土强度等级：C30	m³	105.60			
3	010515001001	现浇构件钢筋	钢筋种类、规格：HRB400	t	3.795			
	略							

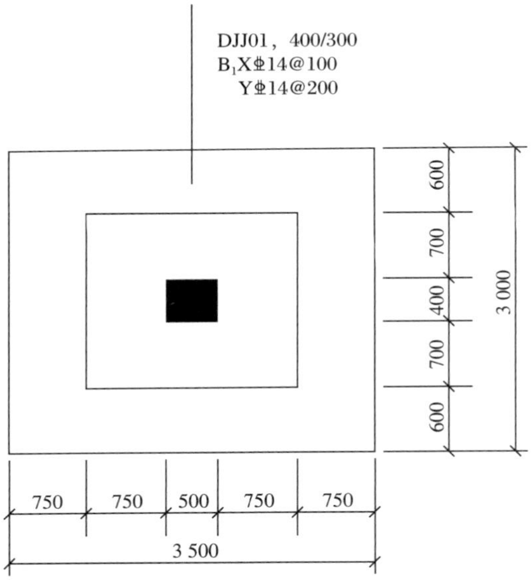

DJJ01，400/300
$B_1X \phi 14@100$
$Y \phi 14@200$

图 11.0-1　独立基础平面图［平法标注，底筋起步距为 min（75 mm，间距/2）］

投标企业的独立基础消耗量定额见表 11.0-2，资源要素价格见表 11.0-3。

表 11.0-2　独立基础消耗量定额

工作内容：混凝土浇筑、振捣、养护

定额编号		01-5-1-1	01-5-1-2	01-5-1-3
项目	单位	预拌混凝土（泵送）		
		垫层	带形基础	独立基础、杯形基础
		m³	m³	m³

续表

定额编号				01-5-1-1	01-5-1-2	01-5-1-3
人工	00030121	混凝土工	工日	0.3554	0.2980	0.2250
	00030153	其他工	工日	0.1228	0.0307	0.0270
		人工工日	工日	0.4782	0.3287	0.2520
材料	80210401	预拌混凝土（泵送型）	m³	1.0100	1.0100	1.0100
	02090101	塑料薄膜	m²		0.7243	0.7177
	34110101	水	m²	0.3209	0.0754	0.0758
机械	99050920	混凝土振捣器	台班	0.0615	0.0615	0.0615

表 11.0-3　独立基础资源要素价格

	人、材、机	规格及型号	单位	单价
1	混凝土工		工日	200
2	其他工		工日	150
3	C30 预拌混凝土	碎石＜40	m³	420（含泵送）
4	塑料薄膜		m²	1.74
5	水		m³	4.27
6	混凝土振捣器	插入式	台班	7.88

企业按投标报价的人工费计取管理费和利润，经测算管理费和利润率为 25.6%。

（1）投标人复核工程量，并将复核填入表 11.0-4 中。

表 11.0-4　工程量复核计算表

工程名称：　　　　　　　　　　　　标段：　　　　　　　　　　　　第　页　共　页

序号	项目编码	项目名称	计量单位	工程量	工程量计算
1	010501001001	垫层	m³	23.68	3.7×3.2×0.1×20＝23.68
2	010501003001	独立基础	m³	105.60	（3.5×3.0×0.4＋2.0×1.8×0.3）×20＝105.60
3	010515001001	现浇构件钢筋	t	3.795	X 方向钢筋： 单根长度＝3 500－2×20＝3 460（mm） 根数＝（3 000－2×50）/100＋1＝30（根） 钢筋长度＝103.8 m Y 方向钢筋： 单根长度＝3 000－2×20＝2 960（mm） 根数＝（3 500－2×75）/200＋1＝18（根） 钢筋的长度＝53.28 m 合计长度＝157.08 m 质量：157.08×1.208×20＝3 795.05（kg）＝3.795 t
	略				

由表 11.0-1 和表 11.0-4 可知，招标工程量清单工程量计算准确。

（2）计算独立基础的综合单价，并编制综合单价分析表（表 11.0-5）。

计算时注意招标人给出了 C30 混凝土的暂估单价为 400 元/m³，与投标人可获得的混凝土价格有别，应按 400 元/m³ 计入综合单价。

人工费：0.225 0×200＋0.027×150＝49.05（元）

材料费：C30 预拌混凝土　1.01×400＝404（元）　　（暂估价）

塑料薄膜　　　　 0.717 7×1.74＝1.25（元）

水　　　　　　　 0.075 8×4.27＝0.32（元）

材料费合计：405.57 元

机械费：0.061 5×7.88＝0.48（元）

管理费和利润：49.05×25.6％＝12.56（元）

因为"独立基础"构件的工程量清单计算规则，与《上海市建筑和装饰工程预算定额》(SH01—31—2016) 中关于"独立基础"混凝土构件的工程量计算规则相同，均为"按设计图示尺寸以体积计算，单位：m³"，因此，可知"独立基础"构件的"定额工程量÷清单工程量"的比值为"1"。

所以，"独立基础"分部分项工程项目的综合单价为（表 11.0-5）：

$$（49.05＋405.57＋0.48＋12.56）×1＝467.66（元/m³）$$

表 11.0-5　综合单价分析表

项目编码	010501003001		项目名称	独立基础	计量单位	m³	工程量	105.6
清单综合单价组成明细								
定额项目名称	定额单位	数量	单价				合价			
			人工费	材料费	机械费	管理费和利润	人工费	材料费	机械费	管理费和利润
C30 混凝土独立基础	m³	1	49.05	405.57	0.48	12.56	49.05	405.57	0.48	12.56
小计							49.05	405.57	0.48	12.56
综合工日200 元/工日	未计价材料费						0			
清单项目综合单价							467.66			

材料费明细	主要材料名称、规格、型号	单位	数量	单价/元	合价/元	暂估单价/元	暂估合价/元
	C30 预拌混凝土	m³	1.01	—	—	400	404
	其他材料费			—	1.57		
	材料费小计				1.57		404

2. 总价措施项目清单与计价表的编制

对于不能精确计量的措施项目，应编制总价措施项目清单与计价表。投标人对措施项目中的总价措施项目投标报价应遵循以下原则：

（1）措施项目的内容应依据招标人提供的措施项目清单和投标人投标时拟订的施工组织设计或施工方案。

（2）措施项目费由投标人自主确定，但其中安全文明施工费必须按照国家或省级、行业建设主管部门的规定计价，不得作为竞争性费用。招标人不得要求投标人对该项费用进行优惠，投标人也不得将该项费用参与市场竞争。根据《关于印发〈上海市建设工程安全防护、文明施工措施费用管理暂行规定〉的通知》（沪建交〔2006〕445号文件）的规定："投标人应当按照招标文件的报价要求，根据现行标准规范和招标文件要求，结合工程特点、工期进度、作业环境，以及施工组织设计文件中制订的相应安全防护、文明施工措施方案进行报价。评标人应当对投标人安全防护、文明施工措施和相应费用报价进行评审，报价不应低于招标文件规定最低费用的90％，否则按废标处理"。即在投标报价中，安全防护、文明施工措施费的报价不应低于招标文件规定最低费用的90％，在工程实践中应特别留意。

3. 其他项目清单与计价表的编制

其他项目费主要包括暂列金额、暂估价、计日工及总承包服务费。投标人对其他项目费投标报价时应遵循以下原则：

（1）暂列金额应按照招标人提供的其他项目清单中列出的金额填写，不得变动。

（2）暂估价不得变动和更改。暂估价中的材料、工程设备暂估价必须按照招标人提供的暂估单价计入清单项目的综合单价；专业工程暂估价必须按照招标人提供的其他项目清单中列出的金额填写。材料、工程设备暂估单价和专业工程暂估价均由招标人提供，为暂估价格，在工程实施过程中，对于不同类型的材料与专业工程采用不同的计价方法。

（3）计日工应按照招标人提供的其他项目清单列出的项目和估算的数量，自主确定各项综合单价并计算费用。

（4）总承包服务费应根据招标人在招标文件中列出的分包专业工程内容和供应材料、设备情况，按照招标人提出的协调、配合与服务要求和施工现场管理需要自主确定。

4. 规费、税金项目清单与计价表的编制

规费和税金应按国家或省级、行业建设主管部门的规定计算，不得作为竞争性费用。这是由于规费和税金的计取标准是依据有关法律、法规和政策规定制定的，具有强制性。因此，投标人在投标报价时必须按照国家或省级、行业建设主管部门的有关规定计算规费和税金，上海地区建设工程项目应按照现行文件《关于调整本市建设工程造价中社会保险费率的通知》（沪建市管〔2019〕24号文件）的相关规定，同最高投标限价中规费和税金的计算方法，此处不再进行赘述。

5. 投标价的汇总

投标人的投标总价应当与组成工程量清单的分部分项工程费、措施项目费、其他项目费和规费、税金的合计金额相一致，即投标人在进行工程量清单招标的投标报价时，不能进行投标总价优惠（或降价、让利），投标人对投标报价的任何优惠（或降价、让利）均应反映在相应清单项目的综合单价中。

任务一　综合单价计算

一、任务书内容

（1）计算对应清单项目的定额工程量。

（2）收集人工、材料、机械台班的市场价格信息。

（3）根据企业实际情况确定管理费费率和利润率，以及一定范围内的风险。

（4）组成综合单价。

二、过程指导

（1）根据每个清单项目描述的项目特征和企业定额，计算对应项目的定额工程量。

（2）投标报价时计算综合单价的计算基础主要包括人、材、机的消耗量指标和对应的市场价格。根据企业的实际消耗量水平，并结合拟订的施工方案确定完成清单项目需要消耗各种人工、材料、机械台班的数量。根据市场行情和询价结果综合确定人、材、机的单价。

（3）招标文件中要求投标人承担的风险费用，投标人应考虑计入综合单价。投标报价时承包人应考虑承担的合理风险。承包人应根据以自身技术水平、管理、经营状况能够自主控制的风险，确定企业管理费费率和利润率，以综合单价中的人工费为计算基数确定管理费和利润。

（4）组成综合单价。

三、填报表格

完成工作计划安排表（表 11.1-1）、工作完成情况表（表 11.1-2）内容的填写。

四、提交成果文件

典型分部分项工程项目综合单价分析表 5 份。

表 11.1-1　（＿＿＿＿＿＿公司）工作计划安排表

投标阶段：项目十一　投标报价

任务一　综合单价计算

序号	计划完成内容	计划完成时间	任务分配	备注
1	计算定额工程量			
2	确定人、材、机的市场价格信息			
3	确定管理费和利润的费率			
4	组成综合单价			

审核人：＿＿＿＿＿＿　　　审核日期：＿＿＿＿＿＿

表 11.1-2 (_____公司）工作完成情况表

投标阶段：项目十一 投标报价

任务一 综合单价计算

序号	具体完成工作内容	计划完成时间	实际完成时间	存在问题及原因分析	完成人
1	计算定额工程量				
2	确定人、材、机市场价格信息				
3	确定管理费和利润的费率				
4	组成综合单价				

审核人：_____ 审核日期：_____

任务二　计算分部分项工程费和措施项目费

一、任务书内容

（1）计算分部分项工程项目费。

（2）计算措施项目费。

二、过程指导

（1）计算分部分项工程项目费。

1）在分部分项工程项目清单与计价表中填写综合单价，由清单工程量与综合单价相乘得到每个清单项目的合价；清单工程量与综合单价中的人工费相乘，得到其中的人工费；如果个别材料确定的是暂估单价，用材料消耗量乘以材料暂估单价就可得到其中的材料及工程设备暂估价。

2）将所有清单项目按照分部工程进行整理汇总后，计算得出分部分项工程费。

3）将手算项目填入分部分项工程项目清单与计价表（表9.0-4）。

（2）编制措施项目费。

1）利用广联达兴安得力云计价软件，计算措施项目费。

2）单价措施项目费计取方式同分部分项工程费中的综合单价计取方式。

3）安全防护、文明施工措施费，以《人防工程工程量清单计价办法》中的分部分项工程清单价合计（综合单价）为基础乘以相应的费率计算费用，作为控制安全防护、文明施工措施的最低总费用。

4）对深基坑围护、施工排水降水、脚手架、混凝土和钢筋混凝土模板及支架等危险性较大工程的措施项目和对沿街安全防护设施、夜间施工、二次搬运、大型机械设备进出场及安拆、已完工程及设备保护、垂直运输机械等其他措施项目，依照批准的施工组织设计方案，仍按国家《建设工程工程量清单计价规范》（GB 50500—2013）的有关规定报价，一并计入施工措施费。

5）结合工程实际情况，完成安全防护、文明施工清单与计价明细表（表9.0-7），其他措施项目清单与计价表（表9.0-8），单价措施项目清单与计价表（表9.0-9）3张表格的内容填写。

三、填报表格

完成工作计划安排表（表11.2-1）、工作完成情况表（表11.2-2）内容的填写。

四、提交成果文件

1. 提交分部分项工程项目清单与计价表（表9.0-4）一份。

2. 提交单价措施项目清单与计价表（表9.0-9）一份。

表 11.2-1　（_____公司）工作计划安排表

投标阶段：项目十一　投标报价

任务二　计算分部分项工程费和措施项目费				
序号	计划完成内容	计划完成时间	任务分配	备注
1	计价软件编制分部分项工程项目费			
2	手工填写分部分项工程项目费			
3	计价软件编制措施项目费			
4	手工填写措施项目费			
	审核人：_____		审核日期：_____	

表 11.2-2　（＿＿＿＿＿＿公司）工作完成情况表

投标阶段：项目十一　投标报价

任务二　计算分部分项工程费和措施项目费					
序号	具体完成工作内容	计划完成时间	实际完成时间	存在问题及原因分析	完成人
1	计价软件编制分部分项工程项目清单				
2	手工填写分部分项工程项目清单				
3	计价软件编制措施项目清单				
4	手工填写措施项目清单				
	审核人：＿＿＿＿＿＿　　　审核日期：＿＿＿＿＿＿				

任务三 计算其他项目费、规费和税金

一、任务书内容

（1）根据工程招标文件相关条件，计算其他项目费。

（2）计算规费和税金。

二、过程指导

（1）其他项目费。具体计算过程见本项目相关知识要点所述，以下内容需要重点注意：

1）暂列金额应按照招标人提供的其他项目清单中列出的金额填写，不得变动。

2）暂估价不得变动和更改。

3）计日工按照综合单价计算。

4）总承包服务费要根据提供配合服务的具体工作自主确定。

（2）规费、税金。具体计算过程见本项目相关知识要点所述，此处不再进行赘述。

三、填报表格

完成工作计划安排表（表 11.3-1）、工作完成情况表（表 11.3-2）内容的填写。

表 11.3-1 (＿＿＿＿＿公司）工作计划安排表

投标阶段：项目十一 投标报价

任务三 计算其他项目费、规费和税金				
序号	计划完成内容	计划完成时间	任务分配	备注
1	计算其他项目费			
2	计算规费			
3	计算税金			

审核人：＿＿＿＿＿＿　　　审核日期：＿＿＿＿＿＿

表 11.3-2　(_____公司) 工作完成情况表

投标阶段：项目十一　投标报价

任务三　计算其他项目费、规费和税金

序号	具体完成工作内容	计划完成时间	实际完成时间	存在问题及原因分析	完成人
1	计算其他项目费				
2	计算规费				
3	计算税金				
审核人：_____ 审核日期：_____					

任务四　整理资料、编制说明、打印投标报价文件

一、任务书内容

（1）整理汇总资料，编制总说明。

（2）核实费用明细，核对工程造价。

（3）从计价软件中导出投标报价文件。

（4）打印装订投标报价文件。

二、过程指导

（1）总说明的编制。总说明中包括工程概况，工程招标及分包范围，工程量清单编制依据，工程质量、材料、施工等的特殊要求及其他内容。

（2）检查核对费用明细。

1）进一步核对分部分项工程项目和措施项目的内容，是否均已报价，报价内容是否完整，有无漏报现象；分部分项工程费、措施项目费合计是否准确。

2）其他项目是否已按照招标要求进行填写，有无擅自变动相关数据。

3）资料汇总是否齐全，编写的总说明内容是否完整。

（3）导出投标报价文件。

（4）打印投标报价文件，按照招标文件格式要求进行装订。

三、填报表格

完成工作计划安排表（表 11.4-1）、工作完成情况表（表 11.4-2）内容的填写。

四、提交成果文件

（1）提交计价软件文档一份。

（2）提交电子版的投标报价文件一份。

（3）提交装订成册的纸质版投标报价文件一份。

表 11.4-1 (_____公司）工作计划安排表

投标阶段：项目十一 投标报价

任务四 整理资料、编制说明、打印投标报价文件				
序号	计划完成内容	计划完成时间	任务分配	备注
1	汇总整理投标资料；编制总说明			
2	核对各项费用明细			
3	打印、装订投标报价文件			

审核人：_____ 审核日期：_____

表 11.4.2 （_____公司 ）**工作完成情况表**

投标阶段：项目十一　投标报价

任务四　整理资料、编制说明、打印投标报价文件					
序号	具体完成工作内容	计划完成时间	实际完成时间	存在问题及原因分析	完成人
1	汇总整理投标资料；编制总说明				
2	核对各项费用明细				
3	打印、装订投标报价文件				

审核人：_____　　　　审核日期：_____

实训 评价

　　根据列出的评价标准及分值，对投标报价要检查的内容进行评价，判断是否完成任务书所要求的内容，是否达到综合实训的目标。

　　评价方式采取过程评价和结果评价两种，评价方法采取老师评价和小组内部成员互相评价相结合。过程评价和结果评价综合得分为学生的此工作任务得分。

　　在工作任务实施前，要事先确定好两个比重：一是任务过程评分和任务成果评分占总得分的比重；二是老师评分和小组评分占总得分的比重。

　　根据各自的身份，完成任务过程评价表（表 11.5-1）、任务成果评价表（表 11.5-2）、任务总体评价表（表 11.5-3）对应评价得分的填写。

表 11.5-1 (_____公司) 任务过程评价表

投标阶段：项目十一　投标报价

被考核人	任务过程评价得分			
检查内容	个人自评得分 （20分）	小组评价得分 （40分）	教师评价得分 （40分）	综合得分 （100分）
1. 分工合理（20%）				
2. 角色扮演（20%）				
3. 全员参与（20%）				
4. 团队协作（20%）				
5. 工作态度（20%）				
合 计				
评价人签名				

表 11.5-2 （＿＿＿＿＿＿＿＿公司）任务成果评价表

投标阶段：项目十一 投标报价

被考核人					任务成果评价得分				
检查内容	教师评价（40 分）				小组评价（60 分）				综合得分（100 分）
	良好	一般	合格	不合格	良好	一般	合格	不合格	
表 11.1-1									
表 11.1-2									
综合单价分析表 5 份									
表 11.2-1									
表 11.2-2									
分部分项工程与单价措施项目计价表									
表 11.3-1									
表 11.3-2									
表 11.4-1									
表 11.4-2									
计价软件文档									
电子版投标报价文件									
纸质版投标报价文件									
合 计									
评价人签名									

表 11.5-3 （＿＿＿＿＿＿公司）**任务总体评价表**

投标阶段：项目十一 投标报价

被考核人		项目十一：总得分	
实践项目十一		投标报价	
		权重前得分	权重后得分
任务过程评价（60%）			
任务成果评价（40%）			
得分汇总确认签名			
实践与反思			

参 考 文 献

[1] 张凌云．工程造价控制［M］．3 版．北京：中国建筑工业出版社，2015.

[2] 祁巧艳．建筑工程量清单计价［M］．天津：天津科学技术出版社，2017.

[3] 张金玉．建筑与装饰工程量清单计价［M］．武汉：华中科技大学出版社，2018.

[4] 宋春岩．建设工程招投标与合同管理［M］．4 版．北京：北京大学出版社，2018.

[5] 徐世平，王柏春，胡明华．工程招标投标与合同管理［M］．天津：天津科学技术出版社，2010.

[6] 张志勇，代春泉．工程招投标与合同管理［M］．3 版．北京：高等教育出版社，2020.